Bo Hanus

Solar-Dachanlagen

FRANZIS
DO IT YOURSELF

IM HAUS BAND 10

Bo Hanus

Solar-Dachanlagen

selbst planen und installieren

Leicht gemacht, Geld und Ärger gespart!

Mit 114 farbigen Abbildungen

Bibliografische Information der Deutschen Bibliothek
Die Deutsche Bibliothek verzeichnet diese Publikation in der Deutschen Nationalbibliografie; detaillierte Daten sind im Internet über **http://dnb.ddb.de** abrufbar.

Wichtiger Hinweis

Alle Angaben in diesem Buch wurden vom Autor mit größter Sorgfalt erarbeitet bzw. zusammengestellt und unter Einschaltung wirksamer Kontrollmaßnahmen reproduziert. Trotzdem sind Fehler nicht ganz auszuschließen. Der Verlag und der Autor sehen sich deshalb gezwungen, darauf hinzuweisen, dass sie weder eine Garantie noch die juristische Verantwortung oder irgendeine Haftung für Folgen, die auf fehlerhafte Angaben zurückgehen, übernehmen können. Für die Mitteilung etwaiger Fehler sind Verlag und Autor jederzeit dankbar.
Internetadressen oder Versionsnummern stellen den bei Redaktionsschluss verfügbaren Informationsstand dar. Verlag und Autor übernehmen keinerlei Verantwortung oder Haftung für Veränderungen, die sich aus nicht von ihnen zu vertretenden Umständen ergeben.
Evtl. beigefügte oder zum Download angebotene Dateien und Informationen dienen ausschließlich der nicht gewerblichen Nutzung. Eine gewerbliche Nutzung ist nur mit Zustimmung des Lizenzinhabers möglich.

Satz: PC-DTP-Satz u. Info. GmbH
art & design: www.ideehoch2.de
Druck: Legoprint S.p.A., Lavis (Italia)
Printed in Italy

ISBN 3-7723-**4146-5**

Vorwort

Wir haben uns fest vorgenommen, Ihnen mit diesem Buch das themenbezogene praxisorientierte Wissen so zu vermitteln, dass Sie alles leicht verstehen können. Es spielt dabei keine Rolle, ob Sie über ein gewisses Fachwissen bereits verfügen oder nicht.

Da hier die Eigenheiten der Technik mit den Eigenheiten der Natur im Gleichgewicht stehen, wird vor allem von Ihrem Gefühl für die Natur und ihre Launen abhängen, wie Sie das hier erworbene Wissen für Ihre eventuellen Planungsüberlegungen nutzen.

Die Grundfunktion der Solaranlagen ist sehr einfach. Das sonnenabhängige Verhalten der Bausteine ist ebenfalls unkompliziert. Da jedoch in die Funktionsweise immer auch die Natur „dazwischen funkt", muss man sich bei diesem Thema auf Konfrontationen einstimmen, die ansonsten in der Technik nicht vorkommen. Sie werden daher beim Lesen dieses Buches etwas Geduld aufbringen müssen, wenn Sie daran interessiert sind, die ganze Problematik so richtig in den Griff zu bekommen.

Sie dürfen davon ausgehen, dass wir bei der Verfassung dieses Buches einen sehr großen Wert auf Objektivität und auch auf eine faire Beschreibung aller Schwachstellen dieser Systeme gelegt haben. So können Sie sich selber ein eigenes Bild über die Funktion und „Energieausbeute" dieser Systeme machen und brauchen sich nicht an fraglichen Informationen zu orientieren, die oft verkaufsfördernd aufgemotzt sind oder bei denen die Euphorie über das Fachwissen dominiert.

Viel Spaß beim Lesen und viel Erfolg beim eventuellen Selbstbau wünschen Ihnen

Bo Hanus und seine Co-Autorin (& Ehefrau) **Hannelore Hanus-Walther**

Inhaltsverzeichnis

1 Die Sonne als Energiespender

1 Die Sonne als Energiespender

Alles, was auf unserem Planeten lebt, wächst und gedeiht, macht sich naturbedingt die Sonnenenergie zu Nutze. Sie hält unsere Mutter Erde warm und erwärmt unsere Lebensräume, ohne dass wir dafür etwas tun müssen – vorausgesetzt wir geben uns mit diesen Energiespenden zufrieden.

Zu den herkömmlichen Vorrichtungen, die eine zusätzliche Nutzung der Sonnenenergie ermöglichen, gehören Gewächshäuser und Frühbeete. Zu den „moderneren" Vorrichtungen dieser Art gehören Solaranlagen. Bei aufwendigeren Solaranlagen ist jedoch das Preis/Leistungs-Verhältnis nicht mehr so leicht kalkulierbar wie bei der Anschaffung eines Gewächshauses oder Frühbeetes. Die Investition in eine Solaranlage sollte daher gut durchdacht, durchgerechnet und individuell richtig geplant werden.

Abb. 1.1 – Bei solarelektrischen (fotovoltaischen) Anlagen wird die Sonnenenergie in elektrische Energie umgewandelt (Foto Siemens)

Abb. 1.2 – Bei solarthermischen Anlagen wärmt die Sonne im Dachkollektor ein „Wärmeträgermedium" auf, das mit Hilfe von isolierten Rohrleitungen in eine zusätzliche Heizspirale in den Warmwasser-Behälter geleitet wird. Dort wird die gespeicherte Wärme an das Wasser abgegeben und dieses somit aufgewärmt (Foto AEG)

Gute Vorkenntnisse auf dem Gebiet der Solartechnik sind in diesem Fall sehr wichtig. Sowohl für eine optimale Planung als auch für einen eventuellen Selbstbau bzw. Selbstbau-Anteil.

Fundierte Vorinformationen dürften Ihnen viele Kosten und Enttäuschungen ersparen, denn nur Sie selber können maßgerechte Planungsüberlegungen treffen, die Ihrem Bedarf und Ihren Erwartungen optimal entsprechen. Ansichten oder Tipps eines Außenstehenden können Sie sich zwar auch anhören, aber grundsätzlich nur mit einer gesunden Portion Vorbehalt. Sie wissen ja: Einer, der als Unternehmer an Ihr Geld kommen will, oder der als „stolzer Solaranlagen-Besitzer" sein Image nicht in Frage stellen möchte, wird

Abb. 1.3 – Beispiel einer kombinierten Solaranlage: auf dem oberen Teil des Daches befindet sich eine Reihe von zehn solarthermischen Kollektoren, links und rechts unten am Dach sind Fotovoltaik-Module angebracht

Abb. 1.4 – Was man hat, das hat man, könnte hier der stolze Besitzer dieser Fotovoltaik-Dachanlage sagen, die aus 72 Solarzellenmodulen besteht (Foto AEG)

Sie kaum unvoreingenommen über diverse Schwachstellen solcher Systeme aufklären.

Die ersten Planungsüberlegungen fangen oft mit der Frage an, ob eine solarelektrische (fotovoltaische) oder eine solarthermische Anlage errichtet werden sollte bzw. ob eine Kombination von beiden Systemen zu erwägen sei.

Abb. 1.5 – Fotovoltaik-Dachanlagen können – wie hier in Berlin-Kreuzberg – auch auf den Dächern von größeren Häuserblöcken errichtet werden (Foto Siemens)

2 Solarelektrische Anlagen (Fotovoltaik-Anlagen)

Abb. 2.1 – In der Landwirtschaft kann mit Hilfe von Solarzellen auch an Standorten Strom erzeugt werden, die über keinen Netzanschluss verfügen

Fotovoltaik-Anlagen können wahlweise als *netzgekoppelt* oder als *netzunabhängig* ausgelegt werden. Eine Fotovoltaik-Anlage (Hausanlage) muss nicht unbedingt netzgekoppelt sein. Der Solarstrom kann völlig unabhängig vom Netzstrom im Haus oder im Garten genutzt werden.

Netzgekoppelte Fotovoltaik-Anlagen sind so konzipiert, dass die Solarzellen (Solarzellen-Module)

2 Solarelektrische Anlagen (Fotovoltaik-Anlagen)

ihren Gleichstrom nach *Abb. 2.3* über einen speziellen Wechselrichter in das öffentliche Netz liefern. Ein zusätzlicher Stromzähler registriert die Energie, die in das elektrische Netz geliefert (eingespeist) wird, und der „Netzbetreiber" wird dann zum Abnehmer der solarelektrisch erzeugten „Kilowattstunden". Diese werden gegenwärtig für ein Vielfaches des Preises eingekauft, den der private „Lieferant" in der „Gegenrichtung" für den vom Netz bezogenen elektrischen Strom (für die vom Netz bezogenen Kilowattstunden) zahlt.

Netzunabhängige Fotovoltaik-Anlagen können z. B. für die Stromversorgung von Ferienhäusern, Gartenhäusern oder abgelegenen Garagen dienen, die über keinen Netzanschluss verfügen.

Der „Hausherr" kann dabei selber entscheiden, ob er sich mit einer Solar-Gleichspannung von 12 Volt oder 24 Volt zufrieden gibt oder ob er mit Hilfe eines einfacheren Wech-

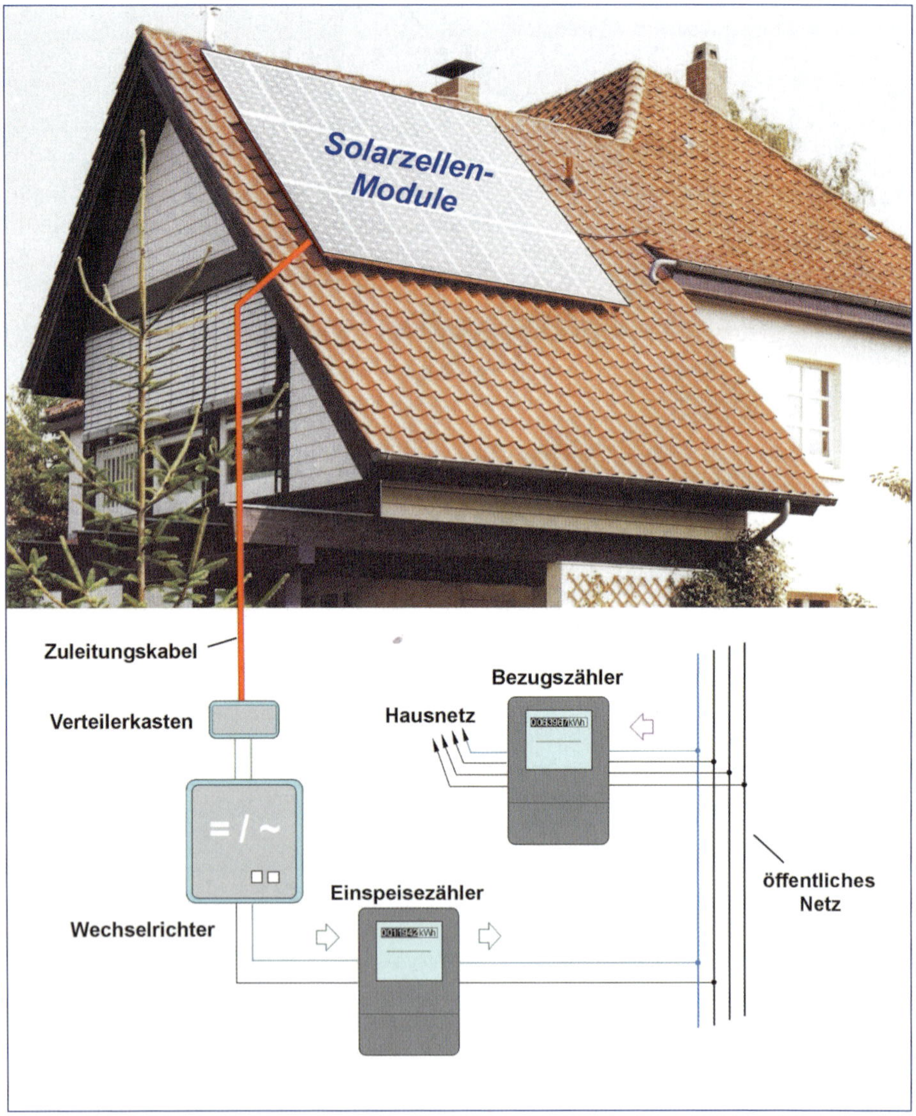

Abb. 2.2 – Solarzellen, die am Dach eines Hauses installiert sind, das über einen Netzanschluss verfügt, liefern ihre elektrische Energie nicht an „ihr" Haus, sondern speisen sie über separate „Einspeise-Stromzähler" in das öffentliche elektrische Netz (gegen eine hohe Vergütung) ein

selrichters die Solarspannung in eine Wechselspannung (von z. B. 230 Volt) umwandelt. Die Solarenergie wird bei diesen Anlagen nach *Abb. 2.3* in größeren 12 Volt- oder 24 Volt-Batterien (Solarbatterien oder Autobatterien) gespeichert, da für diese Spannung eine große Auswahl an handelsüblichen elektrischen Verbrauchern erhältlich ist.

Die Solarzellen (Solarmodule) liefern nur den Ladestrom für die Batterien (Akkumulatoren) und haben eine ähnliche Funktion, wie die „Lichtmaschine" in einem Kraftfahrzeug. Auch das ganze Prinzip einer netzunabhängigen Fotovoltaik-Anlage ist identisch mit der Stromversorgung eines Kraftfahrzeuges. Bis auf den in *Abb. 2.3* eingezeichneten *Tiefentladeschutz*, der bei Anwendung von Blei-Akkus unerlässlich ist. Er schaltet die Stromzufuhr zu den Verbrauchern automatisch ab, sobald die Akkuspannung unter eine Schwelle sinkt, bei der der Akku durch eine zu tiefe Entladung vernichtet würde.

Wird eine unregelmäßige (wetterabhängige) Stromversorgung in Kauf genommen, kann ein Energie-Zwischenspeicher entfallen und der elektrische Verbraucher wird direkt an das Solarzellen-Modul – bzw. an eine größere Solarzellen-Fläche – nach *Abb. 2.5 / 2.6* angeschlossen. Eine solche

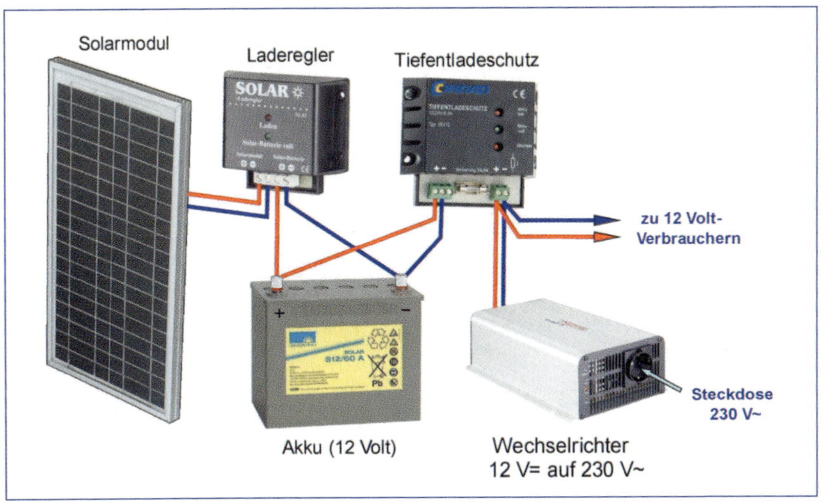

Abb. 2.3 – Prinzipschaltung einer netzunabhängigen Fotovoltaik-Anlage, bei der die Solarenergie in einem 12-Volt-Akku gespeichert wird und wahlweise als 12-Volt-Gleichspannung direkt oder 230-Volt-Wechselspannung über einen zusätzlichen Wechselrichter bezogen werden kann

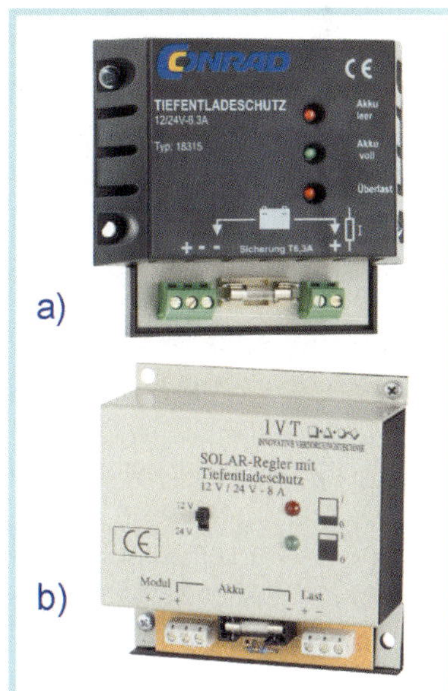

Abb. 2.4 – Tiefentladeschutz-Geräte sind wahlweise als separate Fertigbausteine nach Abb. **a)** erhältlich, meist aber bereits in handelsüblichen Ladereglern nach Abb. **b)** integriert

Lösung eignet sich z. B. für den Betrieb von Pumpen oder Klimaanlagen. Die Solar-Nennspannung muss in dem Fall auf die Betriebsspannung der angeschlossenen Verbraucher abgestimmt sein.

Abb. 2.5 – Im einfachsten Fall kann der Solarstrom zu einem direkten Antrieb von z. B. Springbrunnenpumpen, Pumpen für die Weiherbelüftung, Ventilatoren und anderen Verbrauchern verwendet werden, bei denen ein sonnenscheinabhängiger Betrieb in Kauf genommen wird

Bei größeren Objekten, die über keinen Netzanschluss verfügen, wird es besonders in den Monaten Dezember und Januar mit der Kontinuität der Energieversorgung kritisch. So mancher Dezember oder Januar kann zwar sehr sonnig sein, aber es kann auch mehrere Wochen nacheinander ein trübes Wetter herrschen, bei dem dann – bei größerem Energiebedarf – entweder entsprechend großzügig dimensionierte Batterien als Energiespeicher oder zusätzliche Stromquellen (Windgeneratoren, Dieselaggregate) die Durststrecke überbrücken helfen.

Falls Sie an näheren Informationen zu *netzunabhängigen* Fotovoltaik-Anlagen und kleinen Windgeneratoren interessiert sind, empfehlen wir Ihnen die Bücher **„Wie nutze ich Solarenergie in Haus und Garten"** und **„Wie nutze ich Windenergie in Haus und Garten"** (ebenfalls von Bo Hanus / Franzis Verlag).

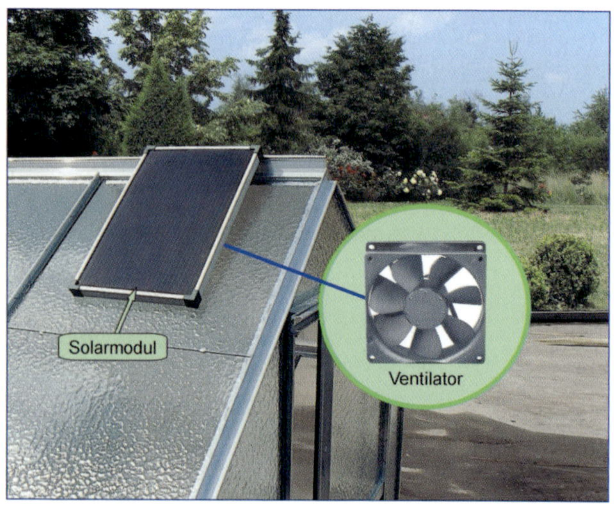

Abb. 2.6 – Der Ventilator eines Gewächshauses kann direkt von einem Solarmodul betrieben werden

Abb. 2.7 – Praktisches Beispiel einer netzunabhängigen Fotovoltaik-Anlage ohne Zwischenspeicher: An die Solarzellen sind hier die Pumpen der Weiherbelüftung angeschlossen (Foto Siemens)

Bei Häusern, die an das öffentliche elektrische Netz angeschlossen sind, werden größere Fotovoltaik-Dachanlagen üblicherweise als *netzgekoppelt* ausgelegt. Ausnahmen gibt es nur dann, wenn die Solarenergie für ganz besondere Zwecke netzunabhängig genutzt wird.

Eine **netzgekoppelte Fotovoltaik-Anlage** besteht im Prinzip nur aus zwei Funktionsteilen: Aus den Solarmodulen am Dach und aus einem – oder auch mehreren – Wechselrichtern für die Netzeinspeisung. Zwischen die Solarmodule und den Wechselrichter wird zwar oft ein kleiner Verteiler-

Abb. 2.8 – Solarmodul an einer Garage

Abb. 2.9 – Solarmodule sollten nur an Hausdächern angebracht werden, die optimal zum Süden ausgerichtet sind (Foto AEG)

kasten angeschlossen, aber der gehört eher zu der Verkabelung und fungiert als Gehäuse für Klemmen der Durchverbindungen.

Der ebenfalls benötigte *Einspeisezähler* wird oft vom Stromlieferanten zur Verfügung gestellt (vermietet) und bildet somit keinen Bestandteil der eigentlichen Investition.

Abb. 2.10 – Wenn das Dach des Wohnhauses nicht optimal zum Süden ausgerichtet ist, können die Solarmodule alternativ auch auf das Dach eines Nebengebäudes (eines Carports oder einer Garage) angebracht werden (Foto AEG)

2.1 Tipps zur richtigen Planung

Das ganze System der netzgekoppelten Solaranlagen sieht auf den ersten Blick wie ein sehr lukratives Geschäft aus. Fairnesshalber ist jedoch darauf hinzuweisen, dass die eigentlichen Errichtungs- und eventuelle Unterhaltskosten einer solarelektrischen Anlage ziemlich hoch sind. Sie können zwar zu einem großen Teil bzw. ganz zurückverdient werden, aber das ist dann meistens auch alles.

Auch wenn so eine Anlage 20 Jahre lang ohne zu viele zusätzliche Wartungskosten intakt funktioniert, sollten Sie sich von niemandem einreden lassen, dass sie als Investition irgendwann eine eindrucksvolle Rendite abwirft. Eine netzgekoppelte solarelektrische Anlage ist daher als Investition nur dann erwägenswert, wenn einfach der Spaß am Mitmachen bzw. beim Selbstbau auch noch der Aspekt der Herausforderung im Vordergrund stehen.

Abb. 2.11 – Solarzellen-Module am Dach eines Gewächshauses können die automatisch geregelte Stromversorgung aller Vorrichtungen (Lüfter, Pumpen, Beleuchtung, Beschattung) bewältigen, aber benötigen zusätzliche Batterien als Energie Zwischenspeicher

Ein solches Vorhaben sollte bereits im Planungsstadium sehr gut durchdacht, durchgerechnet und mit beteiligten Familienmitgliedern gründlich besprochen werden. Dieses Buch wird Ihnen dabei ausführlich behilflich sein. Wir werden Sie hier fachkompetent über die Aufgaben und Funktionsweisen einzelner Bauteile aufklären und Sie ehrlich auch über die Schwachstellen und Nachteile eines solchen Systems ins Bild setzen. Kalkulieren Sie bitte alles gut durch, denn nur Sie selbst können ausreichend objektiv beurteilen, inwieweit der Reiz einer solchen „Herausforderung“ die kostspielige Investition rechtfertigt.

Abb. 2.12 – Kleinere Solarzellen-Module werden vor allem für netzunabhängige Stromversorgung angewendet

2.1 Tipps zur richtigen Planung

Fachlich orientierte Informationen und Tipps, die Sie in diesem Büchlein finden, ermöglichen Ihnen, sich die erforderlichen Bausteine einer solchen Solaranlage optimal zusammenzustellen. Danach können Sie bei mehreren Anbietern die Preise der benötigten Solarmodule, des Wechselrichters und des Montagezubehörs anfragen bzw. vereinbaren.

Schwierige – oder für Sie zu riskante – Arbeiten an einem höheren Dach oder die Netzankopplung des Wechselrichters werden Sie wahrscheinlich auch beim Selbstbau lieber Handwerkern überlassen, die über die erforderliche Erfahrung und technische Ausstattung verfügen. Auch das kann zu einem ziemlich teuren Spaß werden und daher sollten Sie bereits auch die damit verbundenen Kostenvoranschläge rechtzeitig in die ersten Planungsschritte einbeziehen. Zu den Ausgaben, die auf Sie zukommen könnten, gehört auch die Behebung der Schäden, die evtl. ein Kran oder andere Baufahrzeuge in Ihrem Garten anrichten, falls dieser bereits angelegt ist.

Bliebe noch kurz darauf hinzuweisen, dass sich *netzgekoppelte* Anlagen sowie auch der damit verbundene Aufwand im Prinzip nur dann einigermaßen lohnen, wenn die Leistung (Nennleistung) der Solarzellen bei wenigstens ca. 1000 Watt (1 Kilowatt) liegt. Das ergibt umgerechnet eine Solarmodulen-Fläche von etwa 7,5 bis 10 m^2 (je nach der Type der angewendeten Module).

Netzgekoppelte Anlagen benötigen einen speziellen (teuren) *Netzeinspeise-Wechselrichter*, der die Solar-Gleichspannung in eine *netzsynchronisierte* Wechselspannung umwandelt, die exakt „netzidentisch" ist. Das braucht aber den Betreiber (bzw. den Errichter) einer solchen Anlage nicht zu kümmern, denn der Wechselrichter arbeitet vollautomatisch. Die Solarspannung schaltet der Wechselrichter – abhängig von der momentanen Solarspannung – automatisch in das öffentliche Netz zu, solange er von den Solarzellen eine ausreichend hohe Spannung erhält, und wieder ab, wenn die Solarspannung unter ein „verwertbares" Minimum sinkt.

Der in *Abb. 2.2* eingezeichnete „*Einspeise-Stromzähler*" registriert dabei die Energie, die in das elektrische Netz ge-

So rechnen Sie sich die Leistung eines Solarmoduls in Watt pro Quadratmeter (m²) Modulen-Fläche aus:

Beispiel A: *Die Fläche des hier eingezeichneten Moduls (Breite mal Länge in Metern) beträgt genau **0,974 m²** (also fast 1 m²).*

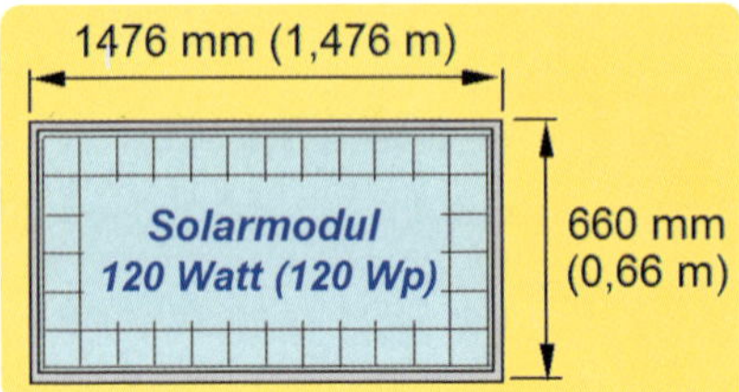

*Die maximale Leistung dieses Solarmoduls liegt somit ungefähr bei 120 Watt pro m². Ganz genau beträgt sie 123 Watt pro m², denn 1 (m²) : 0,974 (m²) = 1,02669 und 120 Wp x 1,02669 = **123,2 Watt (Wp)** (pro m² Modulen-Fläche).*

Beispiel B: *in einem Katalog wird die Fläche eines 85 Watt- (85 Wp-) Solarmoduls mit Abmessungen von 1477 x 660 mm angegeben. Das Modul wird als "Besonders preiswert und leistungsstark" angepriesen. Ist dem so?*

*Das rechnen wir leicht nach: die Modulen-Fläche (1,477 x 0,660 m) beträgt 0,975 m² - also fast 1 m². Die max. Modulen-Nennleistung liegt somit ungefähr bei **85 Watt pro m²**. Mathematisch genau beträgt die Modulen-Nennleistung **87,18 Watt pro m²** (87,18 Wp pro m²), denn 1 : 0,975 = 1,0256 und 1,0256 x 85 (Wp) = 87,18 Watt pro m².*

2.1 Tipps zur richtigen Planung

Kilowatt und Kilowattstunden – kennen Sie sich da aus?

Ihr Stromlieferant berechnet Ihnen den bezogenen elektrischen Strom als *Kilowattstunden (kWh)*. Mit der Umrechnung der Watt in Kilowatt ist es ähnlich, wie mit der Umrechnung von Metern in Kilometer: tausend Meter = 1 Kilometer, tausend Watt = 1 Kilowatt.

Wenn einer Ihrer elektrischen „Verbraucher" (darunter z. B. eine elektrische Kochplatte) eine Stunde lang 1000 Watt verbraucht, ergibt es eine Kilowattstunde (abgekürzt 1 kWh). Ihr Stromzähler zählt – ähnlich wie ihr Wasserzähler – diese Kilowattstunden und Sie können sich auch jederzeit am Zählerstand darüber erkundigen, wie es z. B. mit dem Energieverbrauch pro Tag steht. In der letzten Stromlieferanten-Jahresabrechnung können Sie sich anschauen, wieviel Kilowattstunden (kWh) Sie im vergangenen Jahr verbraucht haben und was Sie eine Kilowattstunde kostete.

Wie lange es dauert, bevor eine Kilowattstunde in Ihrem Haushalt verbraucht wird, können Sie sich leicht ausrechnen: Eine eingeschaltete 100 Watt-Glühbirne verbraucht eine Kilowattstunde erst nach 10 Stunden (100 Watt x 10 Stunden = 1000 Wattstunden = 1 Kilowattstunde). Eine kleine 2000 Watt-Waschmaschine verbraucht eine Kilowattstunde innerhalb von einer halben Stunde (2000 Watt x 0,5 Stunden = 1000 Wattstunden). Eine 25 Watt-Glühbirne leuchtet 40 Stunden lang, bevor sie eine Kilowattstunde (1 kWh) verbraucht, denn 25 Watt x 40 Stunden = 1000 Wattstunden.

Die meisten Haushaltsgeräte sind (an der Unter- oder Rückseite) mit einem Typenschild versehen, an dem der Leistungsverbrauch in Watt angegeben ist. Abgesehen davon wird der Leistungsverbrauch auch in den technischen Daten der Gebrauchsanweisung aufgeführt.

Eine **1 m^2 große Solarzellenfläche** kann bei den meisten Solarmodulen an einem sonnigen Tag eine elektrische Leistung zwischen ca. 100 und 140 Watt liefern – was jedoch von den Leerräumen zwischen den einzelnen Solarzellen und zwischen den Modulen abhängt. Zudem darf die tatsächliche Leistung eines jeden Moduls durch die sogenannte „Herstellungsstreuung" (Abweichungen in den Zellen-Parametern) im Rahmen von ± 5% (bei manchen Herstellern sogar um ± 10%) von der angegebenen Nennleistung abweichen. Da dürfen wir also einfachheitshalber gleich mit einem Minus von mindestens 5% rechnen. Bis zu etwa 7 bis 10% der Solarenergie gehen letztendlich auch noch im Wechselrichter verloren (siehe hierzu Kapitel 6).

Um von einer Modul-Dachfläche unter optimalen Bedingungen **eine** „brauchbare" **Nennleistung** von **1 kW** (1000 Watt) **zu erhalten**, muss diese – abhängig von der Modulen-Type – **etwa 7,5 m^2 bis 10 m^2 groß** sein. In dem Fall liefert die Fotovoltaik-Anlage pro Stunde eine Kilowattstunde (1 kWh) ins Netz. An einem sonnigen Sommertag kann somit eine solche fotovoltaische Anlage eine elektrische Ausbeute von ca. 12 bis 15 kWh aufbringen. Während der kälteren Jahreszeit sinkt auch an sonnigen Tagen die Ausbeute bis um die Hälfte.

2.1 Tipps zur richtigen Planung

liefert (eingespeist) wird und der „Netzbetreiber" wird dann zum Abnehmer der solarelektrisch erzeugten „Kilowattstunden".

Der „Solarstrom", der ins öffentliche Netz geliefert wird, ist selbstverständlich keinesfalls besser und keinesfalls anders als der elektrische Strom, der auf andere Weise erzeugt wird.

Moderne *kristalline* Solarzellen weisen hervorragende Leistungen auf. Sie haben sich in der Raumfahrttechnik, bei den Satelliten und auch bei normalen Solaranlagen ausgezeichnet bewährt. Es handelt sich dabei keinesfalls um irgendwelche Versuchskaninchen, sondern um ausgereifte Produkte, deren technische Parameter sich in den letzten 15 Jahren nur geringfügig in kleineren Schritten verbessern ließen.

Dass in den nächsten Jahren Solarzellen auf den Markt kommen, deren Preis/Leistungsverhältnis eindrucksvolle Überraschungen bringen könnte, ist ziemlich unwahrscheinlich. Im Grunde genommen dürfte man hier auch weiterhin nur mit Entwicklungen in bescheidenem Umfang rechnen.

Manche Berichterstatter versuchen gegenwärtig Hoffnungen zu wecken, dass in der Zukunft die Herstellungspreise der Solarzellen rapide sinken könnten. Derartige Überlegungen basieren zum großen Teil auf Illusionen.

Man darf nicht die Tatsache übersehen, dass inzwischen ohnehin die meisten Solarzellen in fernöstlichen Billiglohnländern hergestellt werden. Auch in den heutigen Billiglohnländern steigen langsam aber sicher die Löhne und die Währungskurse. Eine preiswertere Herstellungstechnologie muss daher in der Zukunft nicht unbedingt auch wesentlich niedrigere Preise zufolge haben. Man sollte sich hier also besser nicht an fragliche Erwartungen klammern.

Zudem ist der Preis einer kahlen Solarzelle für die ganze Solaranlage bei weitem nicht ausschlaggebend preisbestimmend. Besonders dann nicht, wenn dazu noch hohe Herstellungskosten der Solarmodule und weiterer Bausteine (wie auch die Installationskosten) kommen. Wer also gezielt abwarten möchte, bis eventuell die Preise der Solarzellen sinken, setzt höchstwahrscheinlich auf das falsche Pferd.

Der heutige Solaranlagenpreis kann sich jedoch in vielen Fällen schon dadurch zurückverdienen lassen, dass die Kosten für einen teuren Netzanschluss entfallen, wenn stattdessen nur Solarstrom als selbstständige Energiequelle eingesetzt wird. Dies gilt allerdings nur für kleinere „netzunabhängige" Fotovoltaik-Anlagen.

So kann beispielsweise an einer etwas abseits vom Haus stehenden Garage der heutige Preis einer Selbstbau-Solaranlage niedriger sein als ein zusätzlicher Netzanschluss, der von einer Elektrofirma angelegt wird. Wegen so eines Netzanschlusses wird womöglich eine Wand im Hausinneren in Mitleidenschaft gezogen, die danach neu verputzt und gestrichen werden muss.

Ähnlich ist es mit Leitungen, die durch bereits angelegte Gärten oder Parkanlagen führen müssten. Auch hier ist der Solarstrom eine sympathische Alternative, bei der zusätzlich die gefährliche Netzspannung durch eine absolut unbedenklich niedrige Solar-Niederspannung ersetzt wird. Das dürfte besonders bei elektrischen Verbrauchern willkommen sein, die – wie z. B. eine Springbrunnenpumpe – direkt im Wasser stehen oder die bei der Wechselspannung von 230 V einem komplizierteren Vorschriftenzwang unterliegen. Eine niedrigere Solarspannung von z. B. bis zu 24 V ist dagegen absolut unbedenklich, unterliegt keinem gesetzlichen Vorschriftenzwang und kann sozusagen beliebig laienhaft ausgeführt werden (vorausgesetzt, sie verursacht keinen Brand).

Wo sich die ganze Solaranlage bereits durch die Einsparung der Installationskosten für einen Netzanschluss zurückverdienen lässt, ist der Solarstrom in den nächsten 20 bis 25 Jahren eigentlich völlig gratis.

Absender

☐ Herr ☐ Frau ☐ Firma

Name Vorname

Straße/Haus-Nr.

PLZ Ort

Beruf Geburtsdatum

E-Mail-Adresse

- ☐ Ich möchte über Neuigkeiten und Sonderangebote informiert werden.
- ☐ Bitte schicken Sie mir kostenlos Ihr aktuelles Gesamtverzeichnis zu.
- ☐ Ich möchte auch Franzis-Autor werden, bitte nehmen Sie Kontakt mit mir auf.

Bitte ausreichend frankieren.

Danke.

An

Franzis Verlag GmbH
Lektorat

Gruberstr. 46a

85586 Poing

3 Solarthermische Anlagen

Abb. 3.1 – Kleinere thermische Solarkollektoren am Hausdach werden als einzelne Module auf eine beliebige Art und Weise auf dem Dach zusammengestellt und meist zum Aufwärmen von Trinkwasser im Warmwasserbehälter genutzt (Foto Sunset-Energietechnik)

Solarthermische Anlagen nutzen die Sonnenwärme zum direkten Aufwärmen von Wasser, Luft oder anderen Flüssigkeiten und Gasen. Dazu werden üblicherweise Sonnenkollektoren angewendet, die als Dachkollektoren, Fassadenkollektoren oder auch freistehend installiert sind.

Sonnenkollektoren haben viel Ähnlichkeit mit einem Radiator der Zentralheizung. Die Funktionsweise

3 Solarthermische Anlagen

ist hier jedoch umgekehrt: Dem Radiator einer Zentralheizung wird heißes Wasser zugeführt, das die „Rippen" des Radiators aufwärmt. Diese geben die Wärme weiter an die umliegende Luft ab. Bei einem Sonnenkollektor werden dagegen seine „Rippen" (Absorber) von der Sonne erwärmt, diese geben die Wärme an ein „Wärmeträgermedium" weiter, das irgendwo irgendetwas aufwärmen kann. In den meisten Fällen wird das Brauchwasser im Warmwasser-Speicher nach *Abb. 3.2 bis 3.5* aufgewärmt.

Traditionell wird bei einer Öl- oder Gas-Zentralheizung das Brauchwasser im Warmwasserbehälter nach

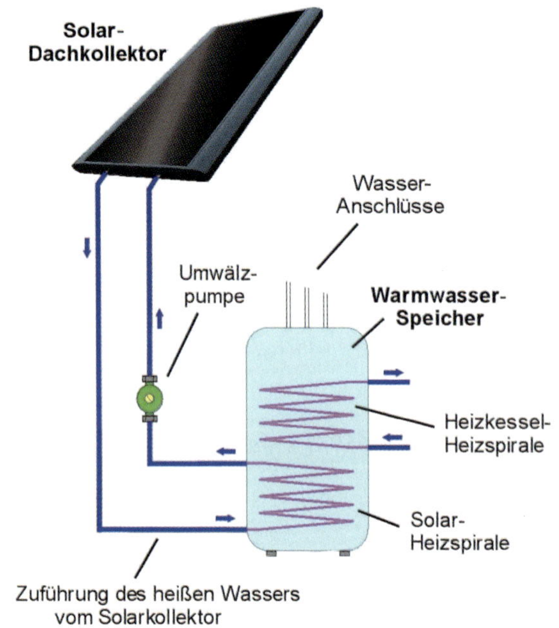

Abb. 3.2 – Das Prinzip einer solarthermischen Anlage für das Aufwärmen des Wassers im Warmwasserspeicher ist einfach: Eine Umlaufpumpe (Umwälzpumpe) pumpt zirkulierend das Wasser aus der Solar-Heizspirale des Warmwasserspeichers in einen Dachkollektor, in dem die Sonne das Wasser aufwärmt

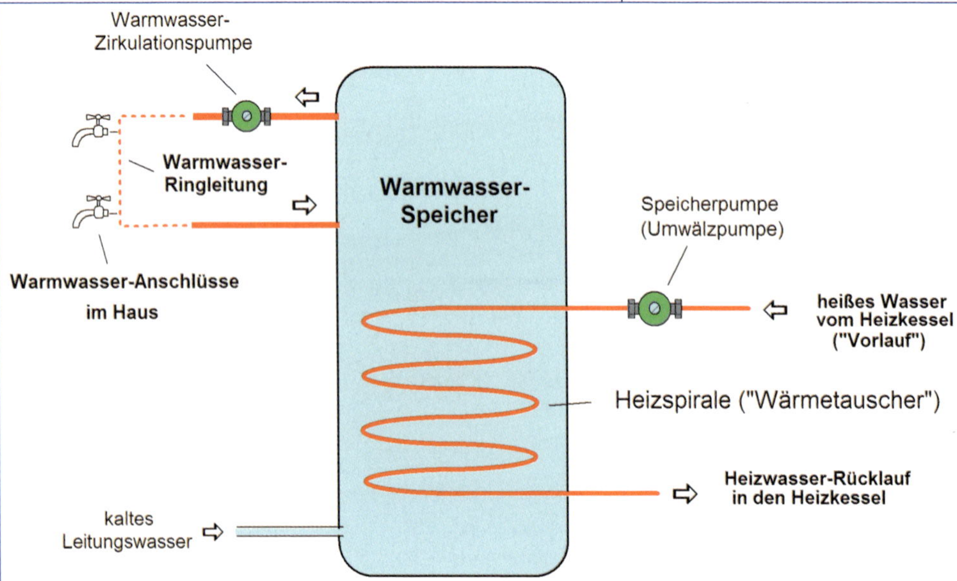

Abb. 3.3 – Die Funktion eines herkömmlichen Warmwasser-Speichers ist sehr einfach: Das Wasser wird hier – ähnlich wie in einem elektrischen Wasserkocher – mittels einer Heizspirale erwärmt, durch die das heiße Wasser (Heizwasser) aus einem Öl- oder Gas-Heizkessel umlaufend gepumpt wird

dem Prinzip in *Abb. 3.2/3.4* mittels einer Wärmespirale (Wärmetauschers) aufgeheizt: Durch diese „Heißwasser-Spirale" fließt dasselbe heiße Wasser durch, dass auch in den Kreislauf der Radiatoren oder der Fußbodenheizung über eine *Heizkreispumpe (Umwälzpumpe)* hineingepumpt wird.

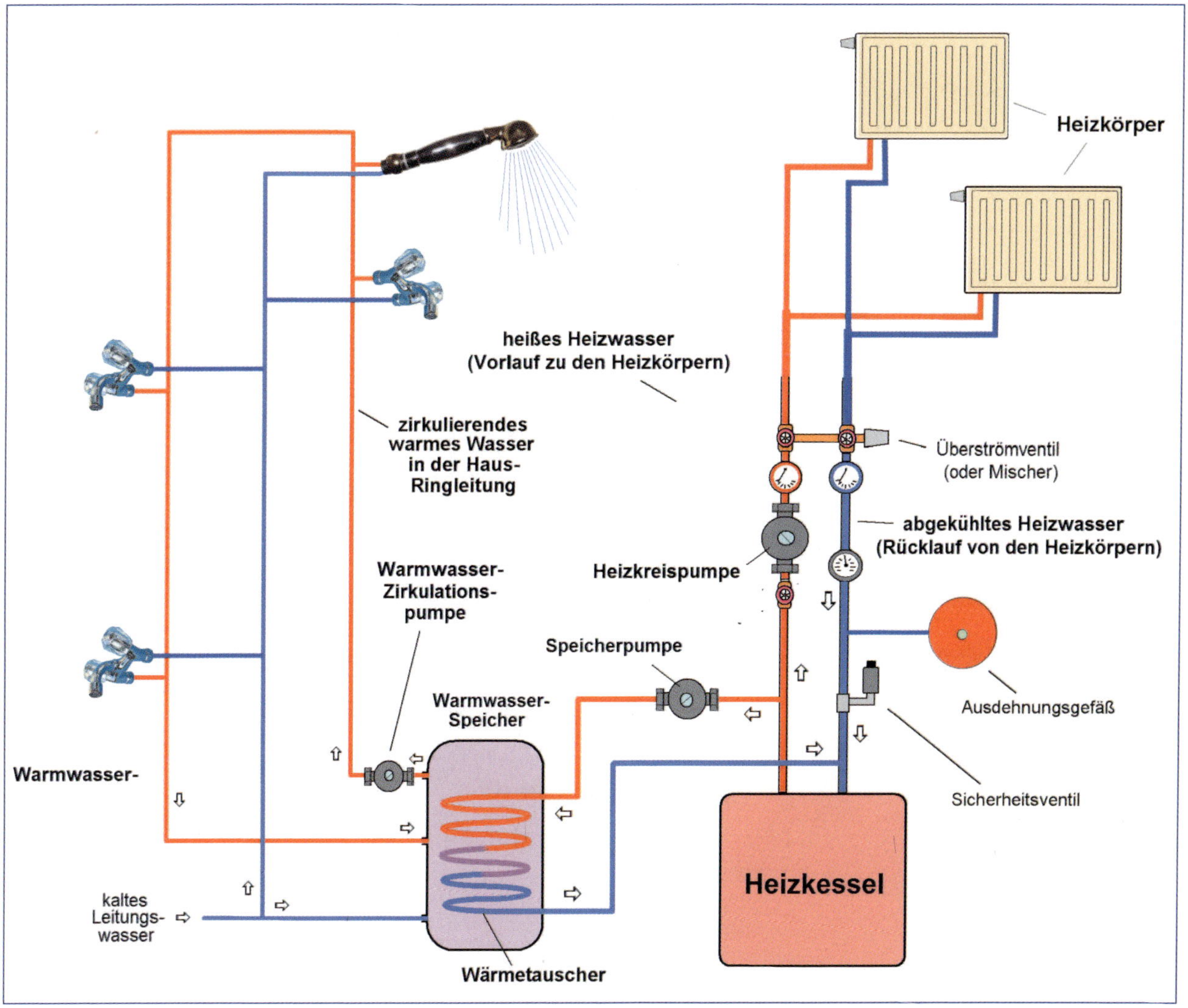

Abb. 3.4 – Gut zu wissen: auch die ganze Öl- oder Gasheizungs-Anlage eines Einfamilien-Hauses besteht nur aus wenigen Bausteinen, deren Funktion diese bildliche Darstellung erläutert

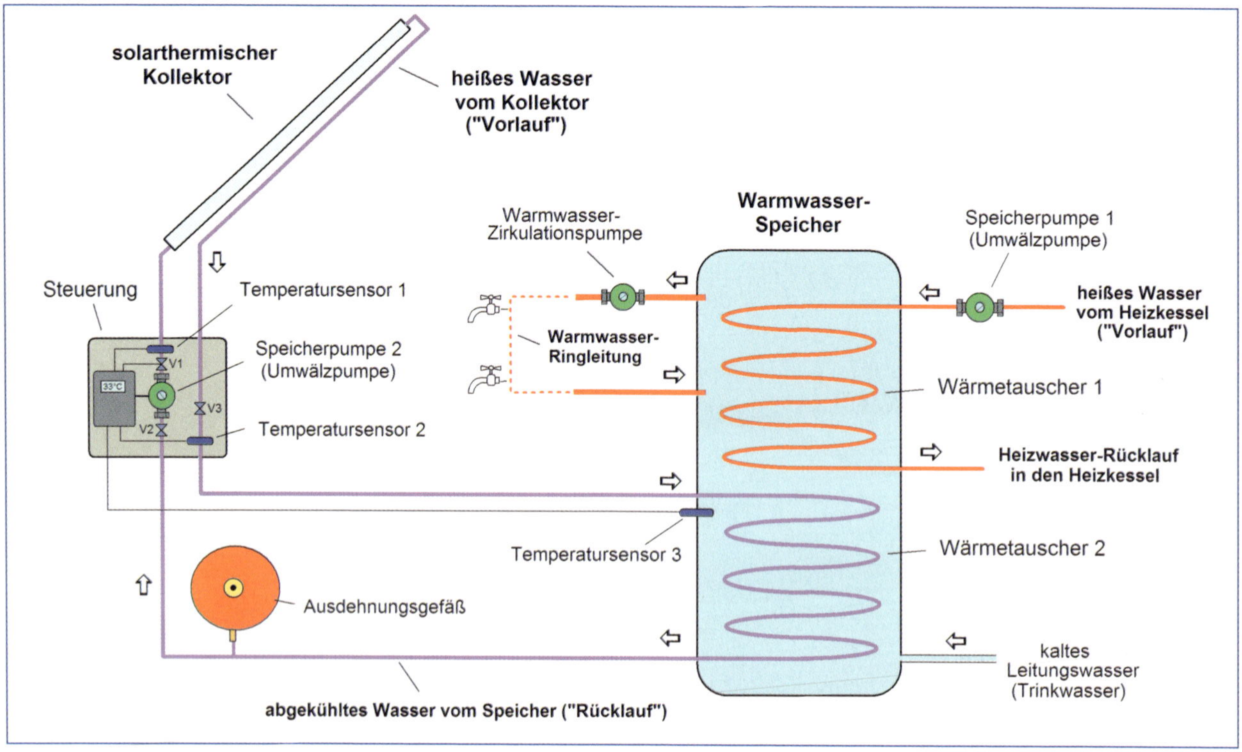

Abb. 3.5 – Eine solarthermische Anlage benötigt eine eigene elektronische Steuerung mit Zubehör, zu dem auch eine zusätzliche Umwälzpumpe (Speicherpumpe 2) gehört

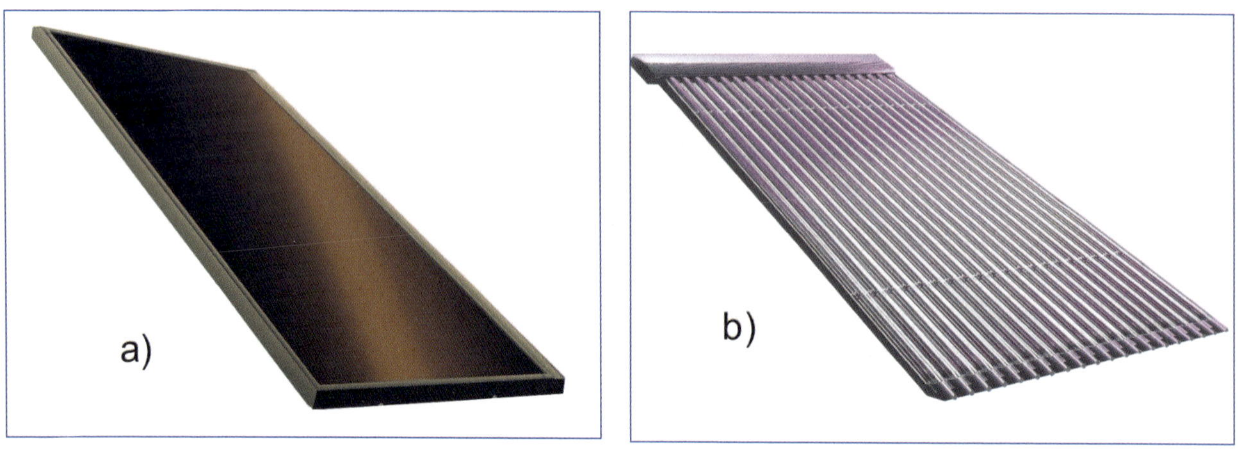

Abb. 3.6 – Solarthermische Kollektoren sind üblicherweise in zwei Ausführungen erhältlich: **a)** als Flachkollektoren; **b)** als Röhrenkollektoren

3.1 Tipps zur richtigen Planung

Wird eine solarthermische Anlage installiert, benötigt der Warmwasser-Speicher eine zweite Wärmespirale (Wärmetauscher 2), die in *Abb. 3.5* im Warmwasserspeicher *unten* eingezeichnet ist. Durch diesen Wärmetauscher zirkuliert an sonnigen Tagen das im Dachkollektor aufgewärmte Wasser oder eine andere Flüssigkeit, die technisch elegant als *Wärmeträgermedium* bezeichnet wird. Für den Umlauf sorgt eine kleine Umwälzpumpe. Eine zusätzliche Elektronik steuert dann automatisch das ganze thermische System so, dass – soweit möglich – die Sonnenwärme für das Aufwärmen des Wassers im Wasserbehälter genutzt wird.

Der Begriff „soweit möglich" bezieht sich dabei nicht nur auf die jeweiligen Wetterbedingungen, sondern auch auf den jeweiligen tatsächlichen Bedarf. Darunter ist zu verstehen, dass die solarthermische Anlage das Wasser im Warmwasserbehälter nur in dem Umfang

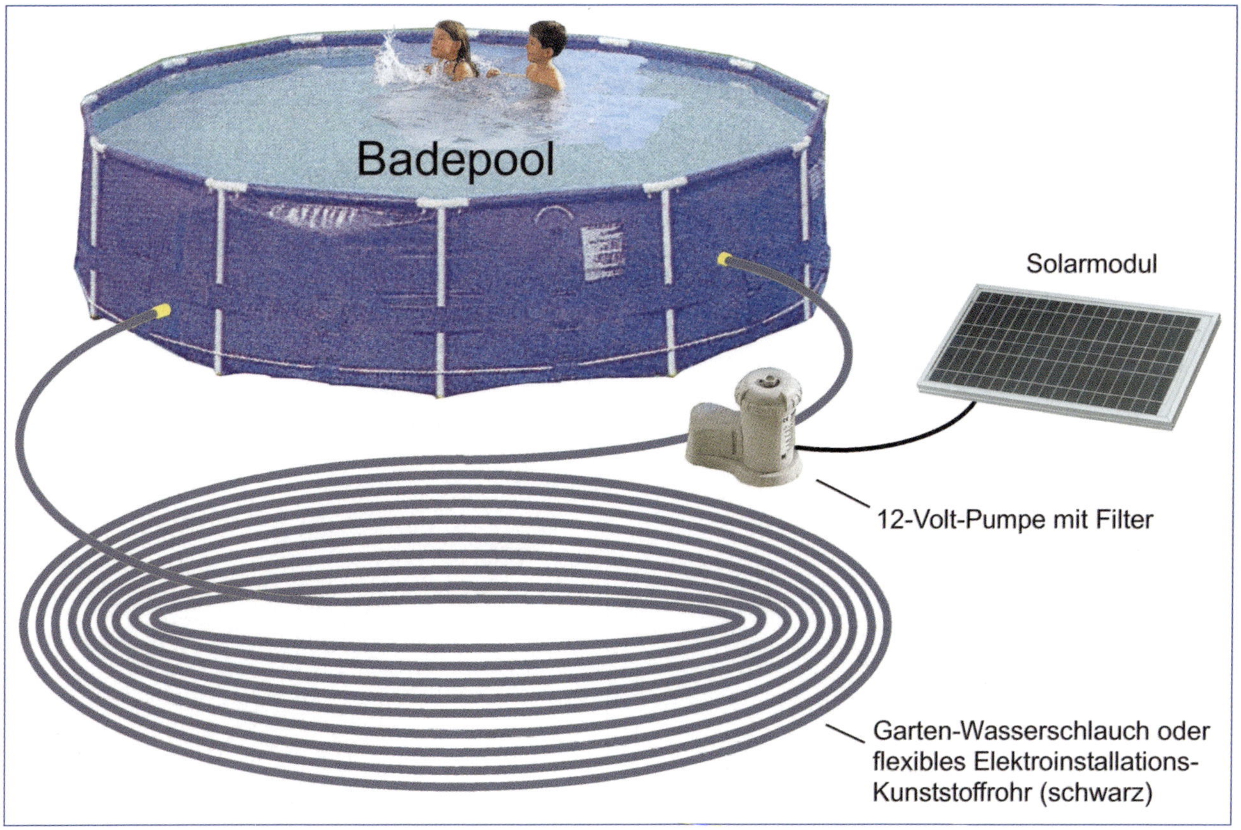

Abb. 3.7 – Badepools und Planschbecken erfreuen sich zunehmender Beliebtheit, sind sehr preiswert geworden und das Badewasser kann kostengünstig mit Hilfe eines einfachen „Sonnenkollektors" Marke Eigenbau auch an etwas kühleren Tagen aufgewärmt werden

3.1 Tipps zur richtigen Planung

aufwärmen kann, der sich jeweils aus dem „Nachholbedarf" ergibt.

Das eigentliche Prinzip ist auf den ersten Blick leicht zu durchschauen, aber eben nur das Prinzip als solches. In Wirklichkeit hat das ganze System sehr viele Schwachstellen, die im Allgemeinen „diskret" verschwiegen werden und über die man bereits im Planungsstadium in Bilde sein sollte:

Das Problem fängt damit an, dass sich bei solarthermischen Anlagen – im Gegensatz zu den fotovoltaischen Anlagen – die Energie nicht mit Hilfe eines einfachen und preiswerten Elektrokabels zum Verbraucher bringen lässt. Sie muss zu ihm mit wärmeisolierten Rohren geleitet werden. Wenn es sich dann um das Aufwärmen von Brauchwasser (bzw. Trinkwasser) handelt, dessen Behälter im Keller neben einem Ölheizkessel steht, wird die Installation der Leitungsrohre zu einer kostspieligen Angelegenheit.

Wesentlich einfacher und kostengünstiger lässt sich die Solarthermik im privaten Bereich zum Aufwärmen von Badewasser im Gartenpool oder Planschbecken (Abb. 3.7) benutzen. Schon deshalb, weil sich hier die Nachfrage (nach Baden im Freien) mit dem Angebot (an Sonnenenergie) optimal deckt.

In den letzten Jahren hat es einige sehr warme Sommer gegeben, die sich möglicherweise in der Zukunft wiederholen könnten. Ein kleines Planschbecken im Garten dürfte dann die Lebensqualität steigern. Eine einfache solarthermische Selbstbau-Anlage kann zum Aufwärmen des Poolwassers wirkungsvoll beitragen. Als ein preiswerter Solarkollektor kann dabei entweder ein Gartenschlauch (in dunkler Farbe) oder ein flexibles schwarzes Elektroinstallations-Kunststoffrohr angewendet werden, was nach *Abb. 3.7* spiralförmig einfach auf den Boden gelegt werden kann. Um eine ausreichende Wärmeleistung zu erhalten, sollte jedoch diese Spirale aus einem etwa 100 Meter langem Schlauch oder Installationsrohr bestehen – was probeweise auf die Größe des Planschbeckens und die herrschenden Wetterbedingungen abgestimmt werden kann.

Wenn Sie zu diesem Zweck ein Elektroinstallations-Kunststoffrohr (bevorzugt mit einem Durchmesser von 16 mm) verwenden, können die Verbindungen mit den dazu gehörenden Verbindungsmuffen mit einem Bau- oder Fugensilikon „wasserdicht" verleimt werden.

Die in Abb. 3.7 eingezeichnete Pumpe ist oft als Filterpumpe oder als aufwändigere „Sandfilteranlage" mit dem Becken erhältlich und kann wahlweise (je nach der Ausführung) von einem Solarmodul, von einem Akku (Autobatterie) oder aus der Steckdose (230 V~) betrieben werden. Anstelle einer Filterpumpe eignet sich auch eine Springbrunnenpumpe oder eine beliebige kleine Umwälzpumpe für die erforderliche Umwälzung des Becken-Wassers.

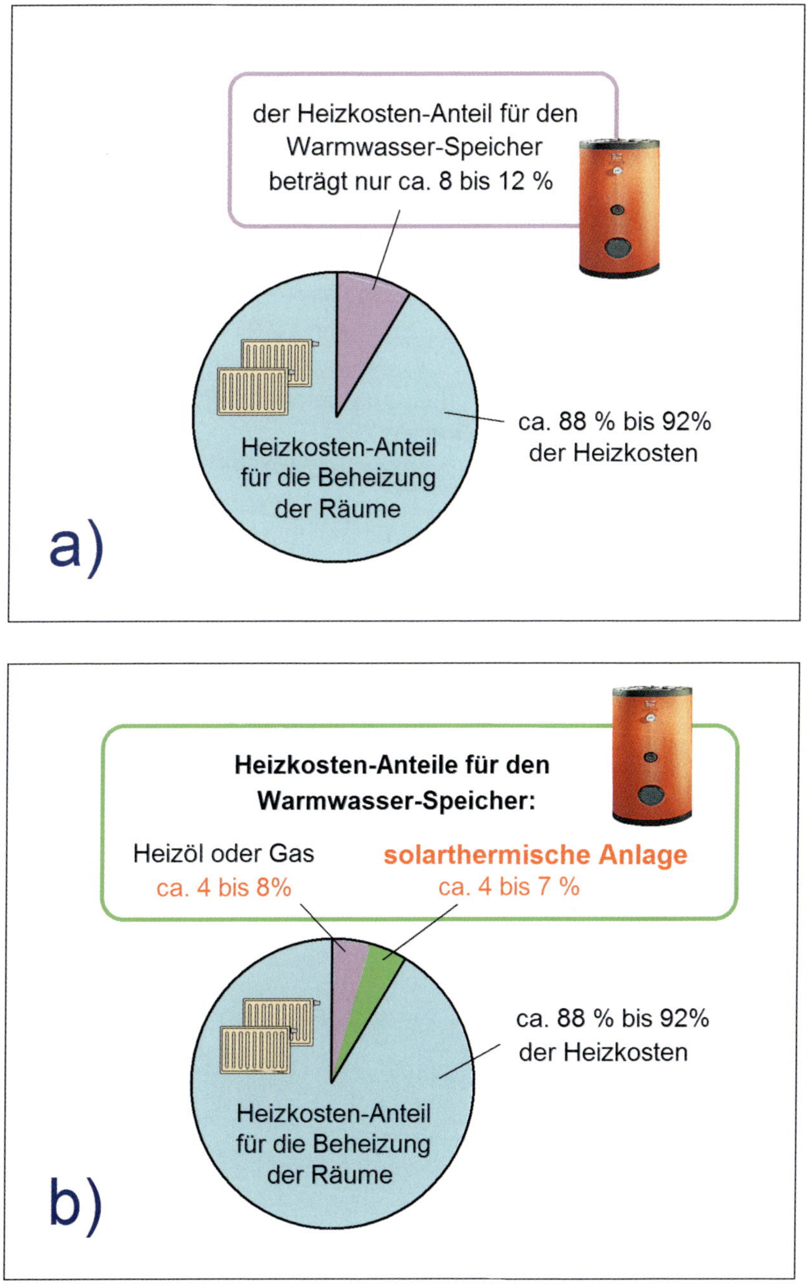

Ansonsten sollte fairnesshalber darauf hingewiesen werden, dass die eigentliche Wasseraufwärmung mit Hilfe der Gas- oder Ölzentralheizung bei weitem nicht so energiefressend ist, wie es manche Solartechnik-Anbieter ihren Kunden gerne schmackhaft machen möchten (siehe hierzu Abb. 3.8).

Die vorgesehene Energieeinsparung kann „projektbezogen" am einfachsten ermittelt werden, wenn während der Sommermonate der Gas- oder Ölverbrauch für das Aufwärmen des Wassers notiert und in Kosten umgerechnet wird. Ein evtl. Einsatz von Solarkollektoren, die hier (bei etwas Glück) etwa 50 % bis 60 % der benötigten Energie für das Aufwärmen des Brauchwassers einsparen könnten, lässt sich danach anhand von konkreten Zahlen „projektbezogen" realistischer bewerten und mit dem Kostenaufwand vergleichen.

An sich ist bei einer gängigen solarthermischen Dachanlage die Einsparung von „nicht regenerativen" Brennstoffen bedauerlicher-

Abb. 3.8 – Wenig bekannt, aber leider wahr: der Beitrag einer solarthermischen Anlage zur Senkung der Heizkosten ist in Wirklichkeit nur relativ gering

weise ziemlich gering, denn die Öl- oder Gas-Zentralheizung eines Einfamilienhauses verbraucht durchschnittlich nur etwa 8 % bis 12 % des Brennstoffes für das eigentliche Aufwärmen des Brauchwassers. Der restliche Brennstoffverbrauch entfällt üblicherweise auf das Beheizen des Hauses. Individuell kann natürlich der Warmwasserverbrauch von diesen Angaben ziemlich abweichen.

Im „Landesdurchschnitt" darf nüchtern kalkuliert werden, dass auch ein optimal dimensionierter Sonnenkollektor nur eine Einsparung von etwa 4 % bis 6 % des gesamten Öl- oder Gasverbrauches der Zentralheizungsanlage erbringt.

Das sind jedoch alles nur rein informative Angaben, die nicht unbedingt überall zutreffen müssen. Individuelle Lebensgewohnheiten oder Wetterbedingungen können sehr unterschiedliche Ergebnisse aufweisen.

Eine Familie, die z. B. während der wärmsten Jahreszeit einige Wochen im Urlaub verbleibt und ihr eigenes Haus nicht bewohnt, wird verständlicherweise proportional etwas weniger von der Solarthermik profitieren, denn diese ist gerade während des Sommers am ergiebigsten.

Ähnlich ist es mit der Frage der Badegewohnheit. Wer überwiegend abends oder sehr früh am Morgen badet oder duscht, dessen Wasser wird gleich anschließend vom Öl- oder Gas-Heizkessel auf den „Soll-Wert" aufgewärmt. Dies lässt sich schwierig umgehen. Das solarthermische System kommt somit erst nur dann wieder zum Zug, wenn im Laufe des Tages das Wasser im Warmwasserbehälter kühler wird und das sonnige Wetter ein Nachwärmen erlaubt. Hier kann es in der Praxis oft vorkommen, dass der wirkliche energetische Beitrag einer solarthermischen Anlage quasi nur tröpfchenweise zu dem tatsächlichen Aufwärmen des Brauchwassers (Trinkwassers) beiträgt.

Eine solche Behauptung ist erklärungsbedürftig, aber zum Glück leicht nachvollziehbar: In einem *konventionellen* Warmwasserbehälter (Warmwasserspeicher) einer Öl- oder Gas-Zentralheizung wird nach *Abb. 3.4* das Wasser von einer „Heizspirale" (Wärmetauscher) aufgewärmt. Diese Heizspirale funktioniert im Prinzip ähnlich wie die Heizspirale eines elektrischen Wasserkochers. Allerdings mit dem Unterschied, dass sie als eine Hohlspirale nur vom durchlaufenden heißen Heizkessel-Wasser des Heizsystems aufgeheizt wird. Eine elektrische *Umwälzpumpe* (Speicherpumpe) pumpt das heiße Wasser aus dem Heizkessel „umlaufend" jeweils automatisch solange durch, bis das Wasser im Warmwasserbehälter die eingestellte Temperatur erreicht. Während dieses Vorgangs kühlt das Wasser im Heizkessel ab. Der Heizkessel hat aber auch einen internen Thermostat, der den Kessel jeweils „startet", wenn das „Heizwasser" unter das eingestellte Niveau abkühlt und wieder abschaltet, wenn sich das Wasser im Kessel auf das voreingestellte Maximum aufgewärmt hat.

Aus *Abb. 3.4* geht hervor, dass eine zweite *Pumpe* (Heizkreispumpe) für die Heizungsradiatoren des Hauses zuständig ist. Beide Pumpen arbeiten unabhängig voneinander. Die Speicherpumpe schaltet der *Warmwasser-Thermostat* jeweils nur für die Dauer des Aufwärmens bzw. Nachwärmens ein. Die Heizkreispumpe für die Zentralheizungs-Radiatoren (bzw. für die Fußbodenheizung) läuft dagegen während der ganzen Heizperiode ununterbrochen, bleibt jedoch abgeschaltet, wenn der Heizkessel auf „Sommerbetrieb" umgeschaltet wird.

Während der Heizperiode versorgt der Zentralheizungs-Heizkessel das ganze Heizsystem – darunter sowohl die Heizradiatoren bzw. die Fußbodenheizung als auch die Heizspirale im Warmwasserbehälter mit heißem Wasser, das z. B. auf einer fest eingestellten Temperatur von 65 °C gehalten wird (der Hausbesitzer kann nach eigenem Ermessen diese Temperatur auch höher einstellen bzw. verstellen).

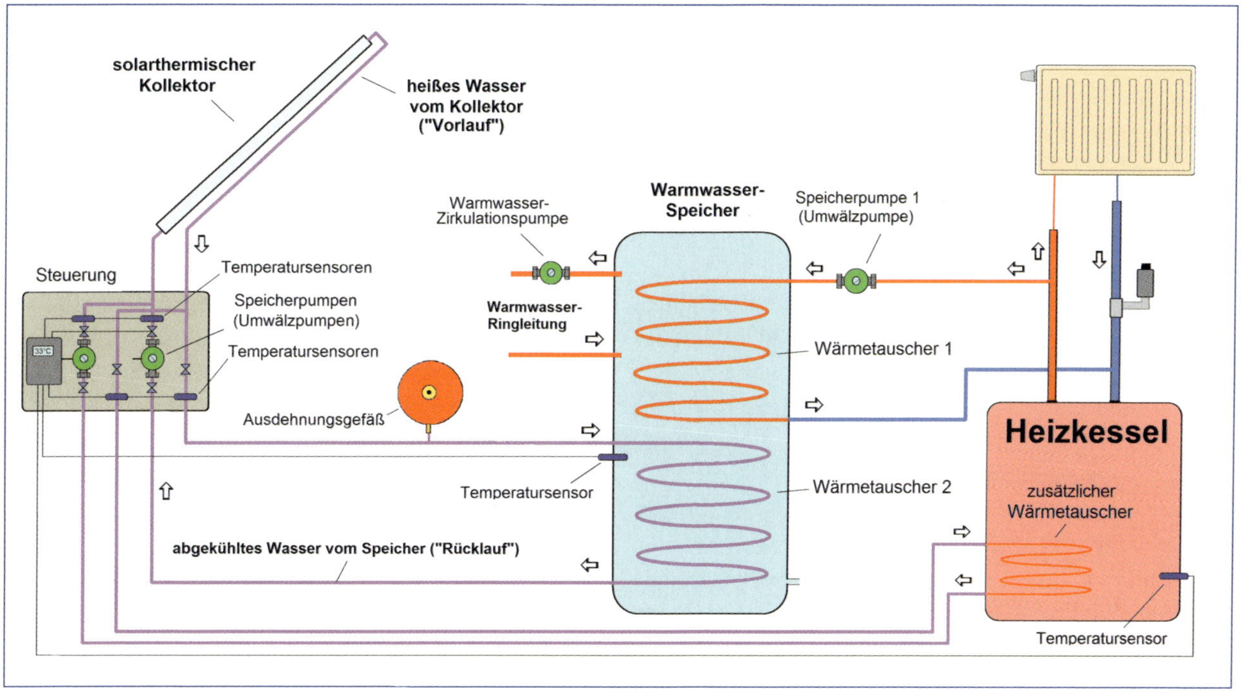

Abb. 3.9 – Einige solarthermische Anlagen sind auch noch für die Unterstützung der Wassererwärmung im Heizkessel ausgelegt, aber der tatsächliche Beitrag einer solchen Lösung zur Brennstoffeinsparung ist leider nur sehr gering

3.1 Tipps zur richtigen Planung

Außerhalb der Heizperiode arbeitet derselbe Heizkessel nur für das kontinuierliche Aufwärmen des Wassers im Warmwasserspeicher. Dies ohne Rücksicht darauf, ob der Warmwasserspeicher eventuell über eine zweite solarthermische Heizspirale verfügt oder nicht.

Einige Warmwasserspeicher verfügen auch bei herkömmlichen Zentralheizungs-Systemen über einen Heizstab der während der Sommermonate rein elektrisch das Brauchwasser warm hält. Er funktioniert auf dieselbe Art wie die elektrische Heizspirale eines Wasserkochers und bietet den Vorteil, dass man während der wärmeren Jahreszeit den Öl- oder Gasheizkessel ganz abstellen kann. Diese Lösung wird jedoch in der Praxis nur selten angewendet, obwohl sie auch ihre Vorteile hat.

Womit aber auch das Wasser während der wärmeren Jahreszeit aufgewärmt wird, eine reine solarthermische Anlage kommt ohne eine zweite „Wärmequelle" nicht aus. Die ganze Automatik der Warmwasseraufbereitung ist dabei verständlicherweise so konzipiert, dass sie die Temperatur des warmen Wassers quasi *unter allen Umständen* immer auf dem eingestellten Niveau (von z. B. 65 °C) hält.

Der Warmwasserspeicher ist fest an die Wasserleitungszufuhr *(nach Abb. 3.3 bis 3.5)* angeschlossen. In dem Moment, wenn an der oberen Seite des Speichers das warme Wasser abgenommen wird, füllt sich der Speicher unten vom *Kaltwasserzulauf* automatisch mit kaltem Leitungswasser nach. Dadurch kühlt das Wasser im Warmwasser-Speicher entsprechend ab, wird jedoch – wie bereits erläutert – ständig automatisch laufend nachgewärmt.

Wird z. B. abends die Badewanne mit warmen Wasser eingelassen, füllt sich – diesem „Aderlass" zufolge – das Wasser im Speicher mit kaltem Leitungswasser „laufend" nach, kühlt dadurch zunehmend ab und der Öl- oder Gasheizkessel muss prompt anspringen, um das Wasser schnellstens wieder aufzuwärmen. Dass zu diesem Zeitpunkt auch eine solarthermische Dachanlage nicht mehr zum Zuge kommt, ist logisch, denn die Sonne ist entweder ganz weg oder steht schon derartig tief, dass ihre Solarenergie zum Nachwärmen des Wassers nicht mehr ausreicht.

Dass zu diesem Zeitpunkt der Heizkessel also sowieso einspringen muss, hat seine Richtigkeit und seine Logik, denn aus einem ordentlichen Warmwasserhahn soll ja in einem Haushalt jederzeit warmes Wasser fließen. Wer bereits Erfahrung mit solchen kleinen „hauseigenen" Zentralheizungsanlagen hat, dem ist zudem auch bekannt, dass das Wasser in einem Warmwasserspeicher nicht ewig heiß bleibt und auch dann kontinuierlich abkühlt, wenn kein warmes Wasser bezogen wird.

Ein guter Warmwasserspeicher ist zwar ordentlich wärmeisoliert, womit sich die Wärmeverluste in zumutbaren Grenzen halten. Die eigentliche Wärmeisolierung kann allerdings auch keine Wunder vollbringen. Vor allem nicht in Kellern, deren Mauern aus kalten Betonsteinen bestehen. In solchen Kellern ist es oft so

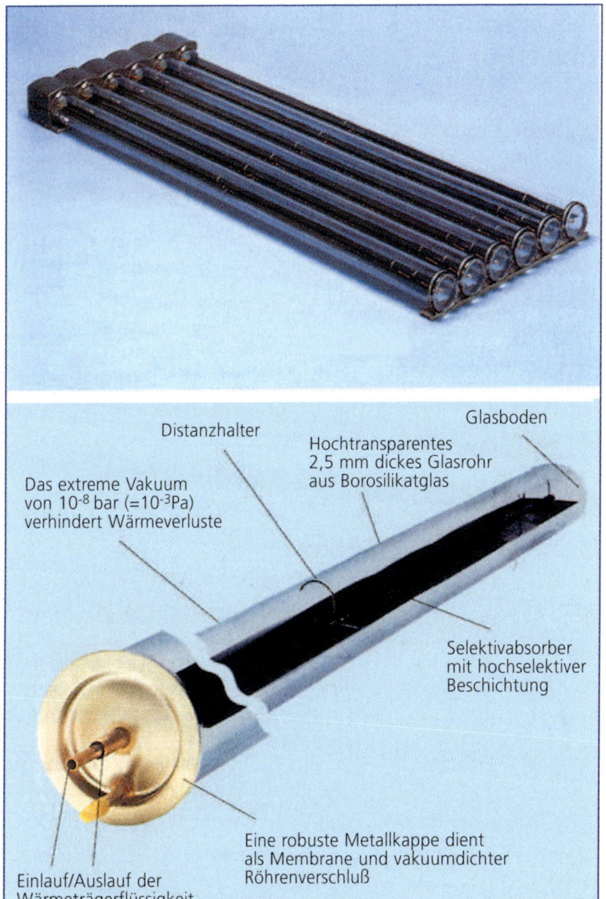

Abb. 3.10 – Ausführungsbeispiel eines Hochleistungs-Vakuum-Röhrenkollektors: Ein solcher kostspieliger – und technisch sehr eindrucksvoller – Kollektor kann vor allem während der kalten Wintermonate etwa doppelt so viel wie ein Flachkollektor zum Aufwärmen des Brauchwassers beitragen. Der Pferdefuß liegt jedoch darin, dass dadurch z. B. während der kältesten Jahreszeit leider nur etwa 3 bis 4 Euro pro Monat und tatsächlich nur ca. 150 bis 200 Euro jährlich insgesamt an Gas- oder Heizöl-Kosten eingespart werden können (ausgehend von Heizstoffpreisen im Dezember 2006 und einem durchschnittlichen Warmwasser-Verbrauch in einem Einfamilien-Haus)

kalt wie in den Kellern alter Burgen, und der Warmwasserspeicher, der in so einem Keller steht, hat es physikalisch bedingt nicht gerade leicht, die Temperatur des aufgewärmten Wassers gegen die umgebende kalte Luft ewig lange aufrecht zu erhalten.

Abgesehen davon wartet das heiße Wasser im Warmwasserspeicher nicht unbeweglich auf einen gelegentlichen Abruf, sondern wird durch eine *(dritte)* Warmwasser-Zirkulationspumpe ständig durch alle Warmwasser-Leitungen im Haus gepumpt. Diese Lösung ist erforderlich, da man andernfalls sehr lange warten müsste, bis nach dem Aufdrehen eines Warmwasserhahns aus der Leitung warmes Wasser herausströmt (sonst käme erst lange nur kaltes Wasser heraus).

Wichtig zu wissen: Das warme Wasser zirkuliert „Tag und Nacht" durch alle Warmwasserleitungen des Hauses ähnlich wie das Blut in unserem Körper. Dass sich dabei das warme Wasser auch in gut wärmeisolierten Leitungen laufend abkühlt, ist technisch unvermeidlich.

Viele gewerbliche Anbieter behaupten zwar, dass gerade *ihre* Warmwasserbehälter quasi wie Thermosflaschen funktionieren. Das muss man eigentlich nicht einmal bestreiten, denn in vielen handelsüblichen Thermosflaschen kühlt ein heißes Getränk bereits nach etwa 8 Stunden aus. Das ist zwar kein ausgesprochen technisch eleganter Vergleich, aber immerhin ein richtungsweisendes Indiz für diejenigen, die sich manchmal mit Behauptungen zufrieden geben, die bestenfalls nur als eine „modifizierte" Wahrheit klassifiziert werden dürften.

Ein gut isolierter Warmwasserspeicher kann unter günstigen Umständen einen soliden Teil der aufgefangenen Solarenergie erfolgreich nutzen. Fairnesshalber ist jedoch darauf hinzuweisen, dass sich solche „günstigen Umstände" nur bedingt vorprogrammieren lassen.

3.1 Tipps zur richtigen Planung

Was darunter zu verstehen wäre, dürfte man sich an folgendem Beispiel „durchspielen":

An einem Nachmittag wurde das Wasser im Warmwasserspeicher auf das eingestellte Maximum aufgewärmt. Vor und nach dem Abendessen wird etwas warmes Wasser für das Händewaschen und eventuell auch für das Geschirrspülen oder Putzen verbraucht. Später am Abend bzw. am nächsten Morgen wird gebadet oder geduscht. Das verbrauchte warme Wasser wird im Warmwasserspeicher durch kaltes Leitungswasser *(vom Kaltwasserzulauf nach Abb. 3.5)* automatisch nachgefüllt. Dadurch kühlt das Wasser im Speicher vor allem im Winter ziemlich schnell ab, da das Leitungswasser eiskalt ist. Wenn zu diesem Zeitpunkt das solarthermische Dachmodul nicht unmittelbar einspringen kann (oder „noch nicht" einspringen kann), schaltet der Speicher-Thermostat den Öl- oder Gasheizkessel sowie auch die Speicherpumpe *(Abb. 3.9)* ein, um das Wasser nachzuwärmen. Falls der Heizkessel gerade in Betrieb ist, wird zusätzlich nur die Speicherpumpe 1 eingeschaltet.

Sobald danach die Sonne kräftig genug ist, um mit ihren Strahlen das solarthermische Modul aufzuheizen, ist unter diesen Umständen das Wasser im Warmwasserspeicher bereits ausreichend warm (bzw. heiß), da es gleich nach dem abendlichen oder morgendlichen Baden oder Duschen vom Öl- oder Gasheizkessel aufgewärmt wurde.

Die Preisfrage lautet dann: Auf welche Weise kann man an solchen Tagen tagsüber das „bestehende" warme Wasser sinnvoll verbrauchen, um der thermischen Solaranlage die Chance zu geben, dass sie auch ihren Beitrag zum Aufwärmen des Wassers leistet?

Hypothetisch ließe sich zwar in dieser Hinsicht die Anwendung von warmem Wasser etwas „umorganisieren". Um die solarthermische Anlage optimal nutzen zu können, müsste man beispielsweise an sonnigen Tagen den Verbrauch von warmem Wasser schwerpunktmäßig nur auf den Vormittag oder frühen Nachmittag verschieben. Damit bekäme zumindest an sonnigen Tagen die Sonne noch genügend Zeit, ihren Beitrag zum Aufwärmen des Wassers zu leisten. Das wäre allerdings ein ziemlich brutaler Eingriff in die Lebensgewohnheiten, die sich dann der Solartechnik unterordnen müssten. Dies wäre kaum im Sinne eines Menschen, der durch die Nutzung der Solarenergie der Natur näher kommen möchte. Hier wäre genau das Gegenteil erreicht: Der Mensch müsste sich von der Technik und ihren Macken manipulieren lassen.

Alle diese Überlegungen weisen objektiv auf die Schwachstellen hin, die jeder einzelne „Interessent" nüchtern bis zum Ende durchdenken und mit allen beteiligten Familienmitgliedern auch gut überdenken und in die Planungsüberlegungen einbeziehen sollte.

Leider handelt es sich bei solchen solarthermischen Anlagen um eine schwer nachvollziehbare Solarenergie-Verwertung, da es keine zuverlässigen, universal anwendbaren Daten gibt, die genau auf die individuelle Situation einer Familie zutreffen könnten. Die Benutzer einer solchen Anlage haben auch im Nachhinein kaum eine technisch fundierte Übersicht über die genauere Größenordnung der Leistung, die die solarthermischen Kollektoren zum Energieverbrauch tatsächlich beisteuern (was als ein großes Glück für viele Errichter oder Befürworter dieser Systeme bezeichnet werden dürfte, denn sie können dann der Dichtung Vorrang vor der Wahrheit geben).

Wesentlich einfacher ist es mit der Bewertung einer solarthermischen Anlage nur dann, wenn diese völlig selbstständig und unabhängig von anderen Energiequellen arbeitet – oder wenn sich die zusätzlichen Energiequellen nicht automatisch, sondern ausschließlich manuell einschalten lassen. Dafür kommen eigentlich nur Anlagen in Frage, die *nicht* mit einem Zentralheizungs-Heizkessel verbunden sind, sowie Schwimmbäder, Warmwasserbereitung im Ferienhaus usw.

Moderne Sonnenkollektoren sind inzwischen derartig ausgetüftelt, dass bereits relativ wenig Sonnenwärme ausreicht, um das „Wärmeträgermedium" aufwärmen zu können. Dennoch kann dieses System verständlicherweise keinen kontinuierlichen Wärmenachschub aufrecht erhalten. Nachts, früh am Morgen, am Abend oder während sonnenarmer Tage – an denen es besonders im Winter nicht mangelt – muss also der Öl- oder Gasheizkessel bedarfsbezogen einspringen.

Wie bereits angesprochen wurde, ist für die Arbeitsteilung zwischen dem Heizkessel und der solarthermischen Dachanlage eine elektronische Steuerung zuständig, die als Umwälzpumpen-Steuerung fungiert. Sie schaltet dann u. a. die Umwälzpumpe des solarthermischen Systems ab, sobald die Temperatur des „Wärmeträger-Mediums" in den Dachkollektoren niedriger wird als die Temperatur des Wassers im Warmwasserbehälter (andernfalls würde das warme Wasser nicht aufgewärmt, sondern gekühlt).

Als „Wärmeträgermedium" kann unter Umständen nur ganz normales Wasser benutzt werden. Bei Sonnenkollektoren, die üblicherweise das ganze Jahr in Betrieb bleiben, wird jedoch eine frostsichere Flüssigkeit benötigt. Im einfachsten Fall kann es sich bloß um Wasser mit etwas Frostschutzmittel handeln, das auch im Kühlsystem unserer Autos verwendet wird. Manche Hersteller präferieren andere Flüssigkeiten oder primär sogar Gase, die sich im Vergleich zum Wasser etwas schneller aufwärmen (sie heizen erst sekundär eine Wärmeflüssigkeit auf). So wird ein höherer Wirkungsgrad erreicht.

Wir haben darauf hingewiesen, dass Sonnenkollektoren auch direkt das Schwimmbadwasser aufwärmen können, wenn eine Umlaufpumpe die benötigte Zirkulation besorgt. Zu diesem Zweck gibt es u. a. spezielle dehnbare Kunststoffkollektoren und Kunststoffleitungen, in denen auch normales Wasser einfrieren darf, ohne dass es Beschädigungen zur Folge hat.

Es gibt auch Sonnenkollektoren, in denen direkt nur Luft aufgeheizt wird, die dann ins Haus als „Warmluftheizung" hineingeblasen wird oder die nach Bedarf irgendetwas aufwärmt, entfeuchtet, lüftet usw. Andere Kollektoren arbeiten z. B. auch mit Methanol, das unter Vakuum in Glasrohre gefüllt wird. Es verdampft mit Hilfe von zusätzlichen wärmeleitenden, metallischen Absorbern schon ab 25 °C und wärmt auf eine etwas aufwendige Weise über einen Alu-Wärmeblock das Wasser im Speicher oder im Schwimmbad auf.

Thermische Solarsysteme erreichen theoretisch einen wesentlich höheren Wirkungsgrad als fotovoltaische Systeme. Demgegenüber geben sie sich – im Vergleich zu

3.1 Tipps zur richtigen Planung

den fotovoltaischen Solarzellen – nicht nur mit dem Licht als solchem zufrieden, sondern benötigen in der Regel auch eine gewisse „Portion" an echter Sonnenwärme. Das reduziert wiederum ihren Jahres-Wirkungsgrad.

Der Selbstbau von solarthermischen Anlagen hat sich vor allem in einigen Teilen Österreichs zu einer Art „Sportdisziplin" entwickelt, die auch gut organisiert und betreut wird. Einem Einsteiger fehlt es dann weder an praktischen Ratschlägen noch an Bezugsquellen für speziellere Bauteile, Vorrichtungen oder Hilfsmitteln, die das Arbeiten am Dach erleichtern und absichern.

In Deutschland und in der Schweiz gibt es eine vergleichbar organisierte oder von Vereinen betreute Selbstbau-Initiative nicht. Ein Einsteiger muss sich ziemlich schwer durch die Problematik durchbeißen und oft eine Kompromisslösung finden, bei der er zum Beispiel einen Teil der erforderlichen Arbeiten selber ausführt und den Rest erfahrenen Handwerkern überlässt, die sich für so eine Zusammenarbeit kooperativ zeigen.

„Da haben wir den Salat", würden Sie sich vielleicht jetzt denken. Und Sie haben Recht! Die moderne Technik kann uns das Leben sehr erleichtern – was sie auch tatsächlich tut, insofern sie nicht von Stümpern entwickelt ist, was leider auch viel zu oft vorkommt. Es wäre aber ein falscher Weg, wenn man sich freiwillig sein Haus mit Vorrichtungen ausstattet, die das Leben komplizieren oder die die Bewohner auf irgendeine Weise manipulieren und somit versklaven.

Die Technik sollte uns so dienen, wie es uns passt. Und wenn ihr das nicht gelingt – oder *noch nicht* gelingen kann, lässt man besser die Finger davon. Ganz gewiss von einer solarthermischen Anlage, die bei etwas Glück jährlich um die 150 bis 200 Euro an Öl- oder Gaskosten einsparen kann.

Somit dürfte eine solche Investition nüchtern nur mit der Investition in ein Hobby verglichen werden: Nur der Spaß an der Sache könnte hier ausschlaggebend sein, denn was Spaß macht, hat in unserem Leben sicherlich eine Berechtigung, die nicht verteidigt zu werden braucht – solange sie anderen Menschen keinen Schaden zufügt.

Diese Überlegungen beziehen sich jedoch vor allem auf aufwendigere solarthermische Anlagen, die speziell für das Aufwärmen von Trinkwasser vorgesehen sind. Als wesentlich „selbstbau- und anwendungsfreundlicher" dürfte dagegen eine solarthermische Anlage in Betracht gezogen werden, die zum Aufwärmen des Wassers in einem kleinen Garten-Pool oder Planschbecken dient. Sie kann vor allem dort sehr einfach im Selbstbau angelegt werden, wo ein Garagen-Flachdach oder ein anderes niedrigeres Dach zur Verfügung steht, denn wer nicht gerade in einem Zirkus groß geworden ist, der wird sich mit der Arbeit an einem höheren Dach nicht unbedingt anfreunden können.

Für Selbstbau-Projekte dieser Art können beliebige handelsübliche solarthermische Kollektoren bzw. Dachkollektoren verwendet werden, die zu diesem Zweck auch als Bausätze erhältlich sind

4 Solarelektrische Dachmodule

Abb. 4.1 – Ausführungsbeispiele einiger der handelsüblichen Solarmodule

Im Gegensatz zu *solarthermischen* Dachmodulen, die im Prinzip *nicht* auf das Heizsystem abgestimmt zu werden brauchen, müssen *solarelektrische* Dachmodule *(Solarzellen-Module)* vor allem die erforderliche *Spannung* und *Leistung* liefern können. Die Prioritäten der Anforderungen hängen dabei davon ab, ob eine solche Anlage *netzunabhängig* oder *netzgekoppelt* arbeiten soll.

Bei *netzunabhängigen* Solaranlagen fungieren die Dachmodule in der Regel nur als „Ladestrom-Energiequellen“, die einfach auf die erforderliche Ladespannung und den erforderlichen Ladestrom der angewen-

4 Solarelektrische Dachmodule

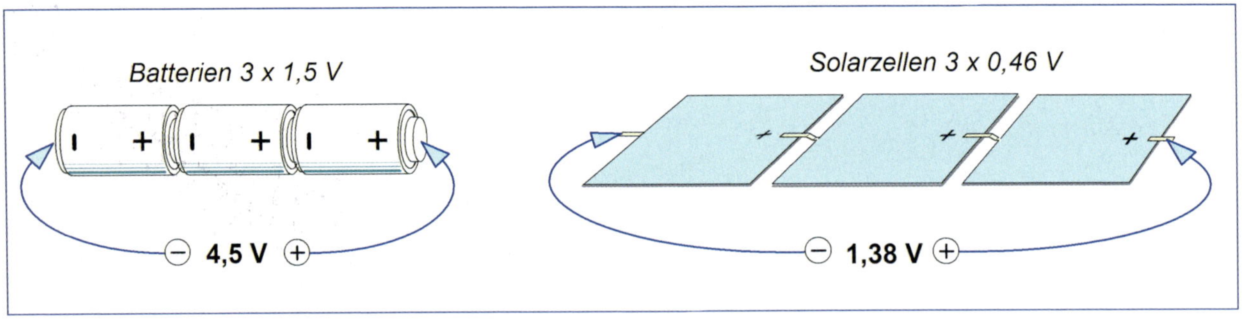

Abb. 4.2 – Einzelne Solarzellen können – ähnlich wie Batterien – zu beliebig langen Ketten verschaltet werden, um erforderlich hohe Ausgangspannungen bei Solarmodulen zu erzielen: Die Spannungen einzelner Zellen addieren sich zu einer Ausgangsspannung, die als *Nennspannung* des Moduls bezeichnet wird

deten Anlagen-Batterie abgestimmt werden müssen. Mit den Planungsgrundlagen ist es in dem Fall ziemlich einfach: Wenn die Batteriespannung (Akkuspannung) 12 Volt beträgt, wird ein Solarmodul verwendet, dessen *Nennspannung* zwischen ca. 17,5 und 20 Volt liegt. Der *Nennstrom* des Moduls, der bei netzunabhängigen Anlagen als Ladestrom der Batterie angewendet wird, darf dann (bei Bleiakkus) 10 % der Akku-Kapazität nicht übersteigen, darf aber beliebig niedriger sein.

Bei einem zu niedrigen Ladestrom dauert dann zwar das Nachladen der Batterie entspechend länger, aber das kann unter Umständen in Kauf genommen werden. Andernfalls muss die Kapazität der Anlagen-Batterie angemessen hoch sein, um längere Lade-Durststrecken (regnerische Tage) zu überbrücken. Der Ladestrom – und somit auch die Nennleistung – der angewendeten Solarmodule muss selbstverständlich auf die Kapazität der Batterie entsprechend abgestimmt werden.

Bei der Planung einer solchen *netzunabhängigen* Fotovoltaik-Anlage kommt es also nur darauf an, dass die Batterie groß genug ist, um den Energiebedarf des „Objektes" zumutbar ausreichend decken zu können, und dass die Solarmodule das Nachladen der Batterie bewältigen. Bei solchen Anlagen können sowohl die Kapazität der Batterie (durch paralleles Verschalten mehrerer Batterien) als auch der Solar-Ladestrom (durch paralleles Verschalten mehrere Module) meist problemlos auch im Nachhinein erhöht werden. Planungsfehler lassen sich somit leicht beheben.

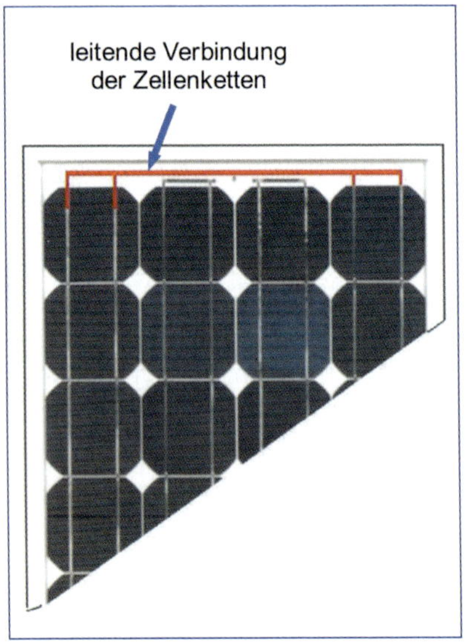

Abb. 4.3 – Die einzelnen Solarzellen sind in kristallinen Solarmodulen gut sichtbar (Foto Siemens)

An dieser Stelle wäre jedoch darauf hinzuweisen, dass eine *netzunabhängige* Fotovoltaik-Anlage eine ausreichend kontinuierliche Stromversorgung im „Alleingang" nur bei kleineren Objekten bewältigen kann, bei denen der Energieverbrauch gering ist bzw. bei denen Stromversorgungs-Lücken in Kauf genommen werden. Andernfalls lassen sich wetterbedingte „Durststrecken" nur mit Hilfe zusätzlicher alternativer Generatoren – darunter Windgeneratoren, Dieselaggregate u. ä. – überbrücken (für nähere Informationen dürften wir Ihnen die Bücher „**Wie nutze ich Solarenergie in Haus und Garten ?**" und „**Wie nutze ich Windenergie in Haus und Garten ?**" – beides ebenfalls von Bo Hanus/ Franzis Verlag empfehlen).

Bei *netzgekoppelten* Solaranlagen spielt der Aspekt eventueller „wetterbedingter Durststrecken" keine Rolle, denn die Solarenergie wird hier unabhängig vom eigenen Strombedarf einfach automatisch ins öffentliche Netz „hineingestopft" (eingespeist), sobald – und solange – sie vorhanden ist. An sich eine prima Sache, denn wer kann ansonsten seine Ware einfach jederzeit und in jeder Menge an einen Abnehmer für einen Festpreis liefern?

Zweckorientiert geht es bei netzgekoppelten Fotovoltaik-Anlagen deutlich nur darum, dass die Jahresausbeute so hoch wie nur möglich ist. Um dies zu erzielen, müssen jedoch die Solarmodule optimal auf den angewendeten *Einspeise-Wechselrichter* abgestimmt sein.

Das ist im Prinzip kein Problem, denn es geht vor allem nur darum, dass hier die Solar-Nennspannung möglichst nahe unterhalb des Eingangsspannungs-Maximums des Wechselrichters liegt. Dass dabei die Gesamtleistung der Solarmodule nicht höher sein darf, als der angewendete (oder vorgesehene) Wechselrichter verkraftet, dürfte als eine selbstverständliche Vorbedingung mitberücksichtigt werden.

Für die ersten Planungsüberlegungen sind dann eigentlich nur zwei Faktoren bestimmend: Der vorhandene Platz am Dach und der finanzielle Spielraum, den man für diese Investition opfern kann.

Von dem zur Verfügung stehenden Platz am Dach hängt verständlicherweise die maximale Solarzellenfläche ab, die mit Solarmodulen belegt werden kann.

Moderne kristalline Solarmodule liefern (typenabhängig) unter optimalen Bedingungen eine Nennleistung von bis zu etwa 140 Watt pro m^2. Eine Modulenfläche von ca. 7,5 m^2 bis 10 m^2 kann somit unter optimalen Bedingungen (bei ausreichend intensiver Sonnenbestrahlung) eine elektrische Leistung von 1000 Watt (= 1 kW) an den Wechselrichter liefern. Ein „guter" Wechselrichter (mit einem Wirkungsgrad von 93 bis 94 %) speist dann unter diesen Umständen in das öffentliche Netz eine elektrische Leistung von ca. 930 bis 940 Watt ein (die restlichen 60 bis 70 Watt verbraucht er intern für die Umwandlung der Solar-Gleichspannung in die netzidentische Wechselspannung).

Die Frage des finanziellen Spielraumes, den Sie für diesen Zweck erübrigen können, wird dann üblicherweise in einen optimalen Einklang mit der Planung der Modulenfläche gebracht. Die Kosten für die eigentlichen „Bausteine" einer **1.000 Watt**-Fotovoltaik-Anlage bewegen sich gegenwärtig zwischen etwa 10.000 und 13.000 Euro. Davon entfallen ca. 7.000 bis 9.000 Euro auf die eigentlichen Solarmodule, der Rest auf den Wechselrichter und auf das Montagezubehör (Näheres wird noch später genauer erläutert).

Die eigentliche Dachmontage kann zwar bei niedrigeren Dächern in Eigenleistung vorgenommen werden, aber bei höheren Dächern wird sie zu einer ziemlich kostspieligen Angelegenheit, da eine Eigenleistung zu einem zu gefährlichen Abenteuer werden könnte. In dem Fall müssen die Montagearbeiten an einen Handwerksbetrieb vergeben werden, der sich an die gültigen Unfallverhütungs-Vorschriften (der Bau-Berufsgenossenschaft) halten muss. Ab 3 Meter Höhe sind

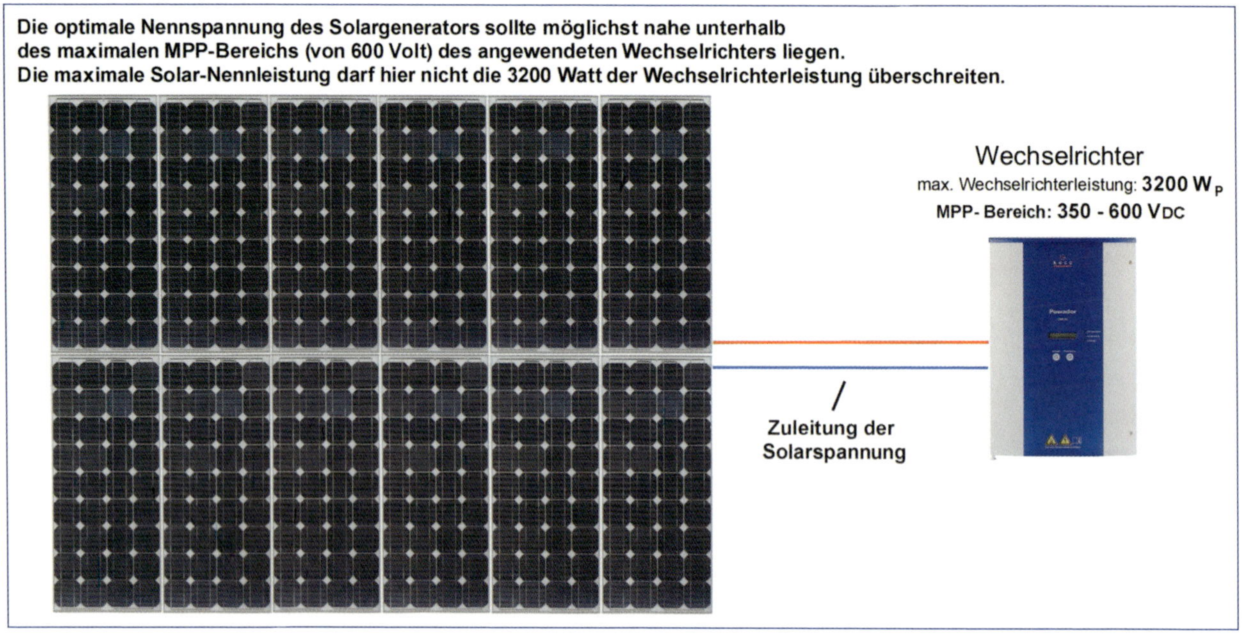

Abb. 4.4 – Zu den ersten Planungsüberlegungen gehört auch die Abstimmung der Ausgangs-Nennspannung des Solargenerators auf die Eingangsspannung des angewendeten Wechselrichters

Gerüste mit Fangeinrichtungen oder Sicherungsgeschirre vorgeschrieben, zudem ist ein Baukran erforderlich usw.

Diese Vorinformation hat zwar im technischen Sinne keinen direkten Einfluss auf die Wahl der Dachmodule, muss jedoch bei den Planungsüberlegungen mitberücksichtigt werden.

Der Preis eines Wechselrichters steigt mit seiner Leistung (die in kW bzw. in „VA" angegeben wird). Daher sollte die Leistung des Wechselrichters nicht unnötig höher sein als die maximale Leistung der vorgesehenen Solarmodule. Das gilt natürlich auch umgekehrt: Hat man einen preisgünstigen Wechselrichter ins Auge gefasst, stellt man sich die Solarzellenfläche aus Modulen zusammen, die eine gute Anpassung der Gesamtleistung auf den Wechselrichter ermöglichen.

Hinweis

Im Zusammenhang mit solchen Planungsüberlegungen sollten Sie sich rechtzeitig über die jeweiligen staatlichen Zuschüsse informieren, die oft gewissen Schwankungen unterliegen und nicht unbedingt automatisch „abrufbereit" zur Verfügung stehen. Zudem werden gegenwärtig in den meisten Bundesländern als „zuschusstauglich" bestenfalls nur Fotovoltaik-Anlagen mit einer Leistung von 1 kW aufwärts akzeptiert. Erkundigen Sie sich aber genauer darüber, ob die für Sie zuständige Behörde immer noch die Nennleistung der eigentlichen Solarmodule als Berechnungsgrundlage anerkennt und nicht die evtl. Ausgangsleistung des Wechselrichters als die eigentliche Anlagenleistung bewertet.

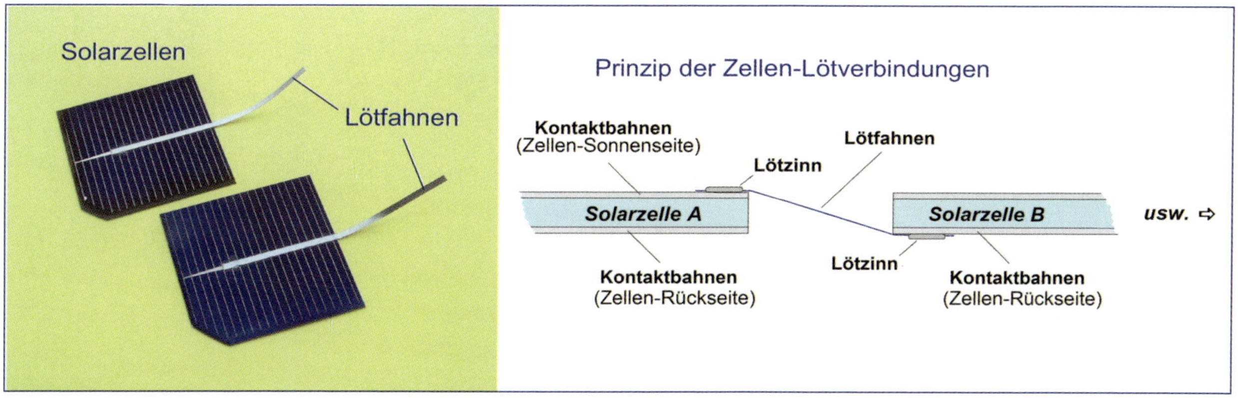

Abb. 4.5 – Einzelne Solarzellen werden oft bereits bei der Herstellung mit leitenden Verbindungs-Lötfahnen versehen, mit denen sie bei dem Modulen-Hersteller zu Zellen-Ketten verlötet werden

Dasselbe gilt auch für die *Ausgangsspannung (Nennspannung)* der Solarzellenfläche: Sie sollte möglichst nahe an der Obergrenze der *Eingangsspannung* des ausgewählten Wechselrichters liegen (siehe hierzu auch Kapitel 6).

Bei Fotovoltaik-Anlagen wird in der Regel eine viel höhere Solarspannung benötigt, als eine einzige Solarzelle liefern kann. Deshalb werden den Solarzellen wie Kettenglieder in langen Zellenreihen nach *Abb. 4.2 und 4.8* in den Modulen angeordnet. Von außen kann man zwar die einzelnen Solarzellen gut sehen – wie z. B. *Abb. 4.3* zeigt –, nicht aber die eigentlichen Durchverbindungen. Wie solche Durchverbindungen verlaufen, ist jedoch für den Anwender nicht von Bedeutung, denn bei jedem der angebotenen Module sind die benötigten technischen Daten aufgeführt.

Die einzelnen Solarzellen sind in den Modulen nach Abb. 4.6 zwischen zwei Glas- oder Kunststoffscheiben eingegossen (einlaminiert) und eingerahmt. So entstehen die handelsüblichen Solarzellenmodule nach *Abb. 4.1 und 4.3.*

Die gängigen Solarzellenmodule (die oft nur als *Solarmodule* bezeichnet werden) sind nur für relativ niedrige Spannungen ausgelegt. Bei solarelektrischen netzgekoppelten Anlagen (Fotovoltaik-Anlagen)

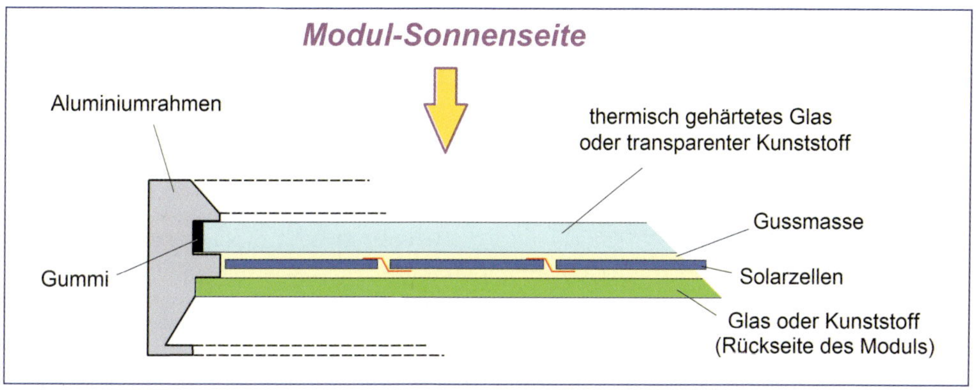

Abb. 4.6 – Ausführungsbeispiel eines Solarmoduls im Schnitt (als Teil)

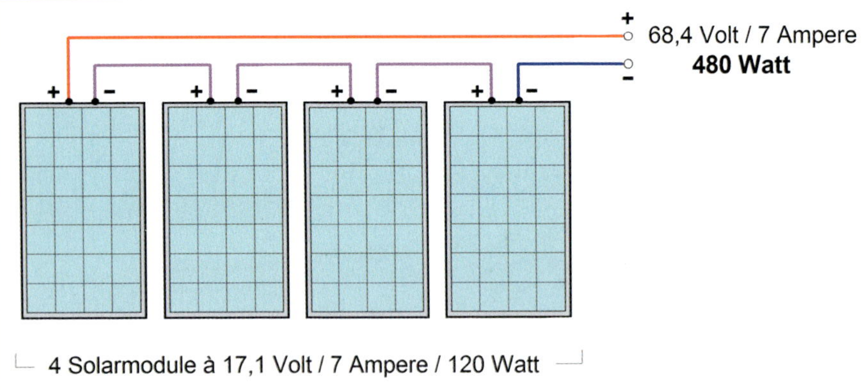

Abb. 4.7 – Für serielle Verschaltung sollten grundsätzlich nur Solarmodule derselben Marke und derselben technischen Zellenparameter verwendet werden (Ausnahmen kommen nur für Versuchs-Schaltungen in Frage)

Nennstrom dieser Zellen – der typenabhängig (gegenwärtig) etwa zwischen 2,8 A und 7 A liegt – bestimmt dann oft den Nennstrom des ganzen Moduls. In manchen größeren Modulen werden zwei oder mehrere Kettenreihen parallel *(nach Abb. 4.8)* verschaltet. Hier ist dann logischerweise auch der Modulen-Nennstrom doppelt bzw. vielfach höher als der Nennstrom der angewendeten Einzelzellen.

wird üblicherweise eine viel höhere Solarspannung benötigt, als ein einzelnes Solarmodul liefern kann. Daher werden mehrere Solarmodule in Reihen nach *Abb. 4.7* geschaltet, um die Ausgangsspannung – die sich in dem Fall addiert – auf die erforderliche Spannung zu erhöhen, die der vorgesehene Wechselrichter als „Eingangsspannung" braucht *(siehe hierzu Kapitel 6)*.

Solarzellenmodule werden in der Regel serienmäßig hergestellt. Jeder Hersteller bestimmt dabei nach eigenem Ermessen die technischen Parameter, die optische Konfiguration und die mechanische Ausführung seiner Module.

Bei großen Solarzellenmodulen werden *ganze* (nicht zerschnittene) Solarzellen in Reihe geschaltet. Der

seriell/parallel verschaltete Solarzellen im Modul

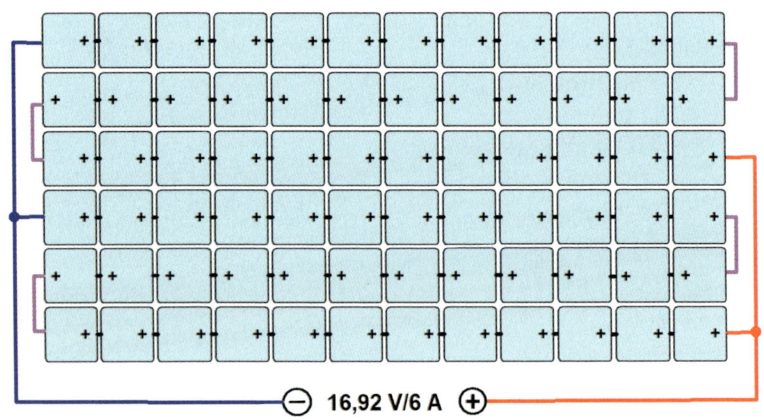

2 Reihen von je 36 Solarzellen à 0,47 V/3A ergeben eine Modul-Ausgangsspannung von 16, 92 V (0,47 x 36 = 16,92), einen Modul-Ausgangsstrom von 6 A (2 x 3 A parallel) und eine Modul-Leistung von 101,52 W (16,92 V x 6 A = 101,52 W)

Abb. 4.8 – Zwei – oder auch mehrere – Zellenketten gleicher Parameter, können bei Bedarf parallel verschaltet werden, um den Modulen-Nennstrom und somit auch die Modulen-Nennleistung zu verdoppeln bzw. bei mehr als bei zwei Zellenketten (Zellenreihen) zu vervielfachen

4.1 Mechanischer Aufbau der Module

Die meisten kristallinen Solarzellenmodule haben eine große Ähnlichkeit mit verglasten und eingerahmten Bildern. An der „Sonnenseite" befindet sich nach Abb. 4.6 eine thermisch gehärtete Glasscheibe (manchmal nur eine Kunststoffscheibe), die Hinterwand der Module besteht meistens aus Kunststoff (gelegentlich auch aus Glas) und der Rahmen ist aus Metall oder aus strapazierfähigem Kunststoff gefertigt – soweit das Modul überhaupt mit einem Rahmen versehen ist.

Die Solarzellen sind in eine spezielle Gussmasse eingebettet. Sie fungiert einerseits als wärmeleitendes Medium, anderseits – an der Sonnenseite – als Schutz gegen Kondensbildung (die Glasscheibe würde sich sonst von innen beschlagen).

Bei flexiblen (biegsamen) Solarzellen-Modulen sind die Solarzellen nur zwischen zwei Kunststoff-Folien einla-

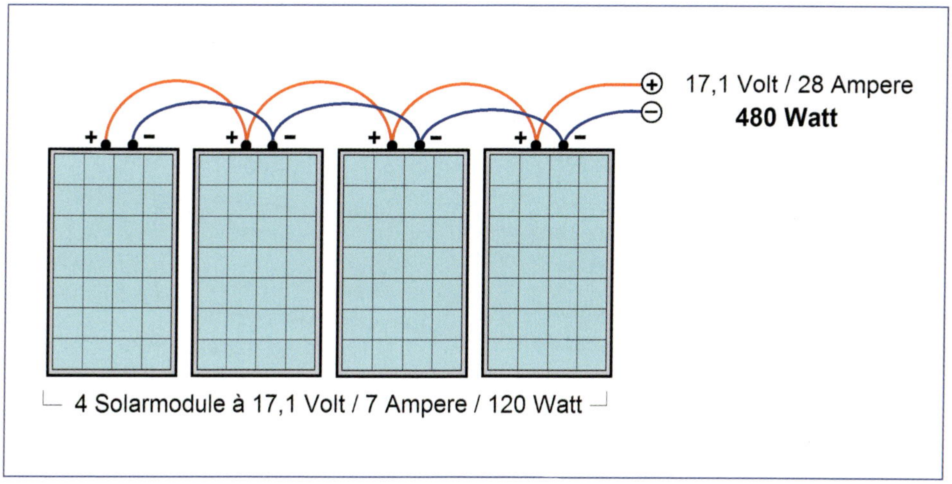

Abb. 4.9 – Ähnlich wie Zellenketten können auch Solarmodule (gleicher Typen und Parameter) parallel verschaltet werden, um eine höhere Leistung zu erhalten

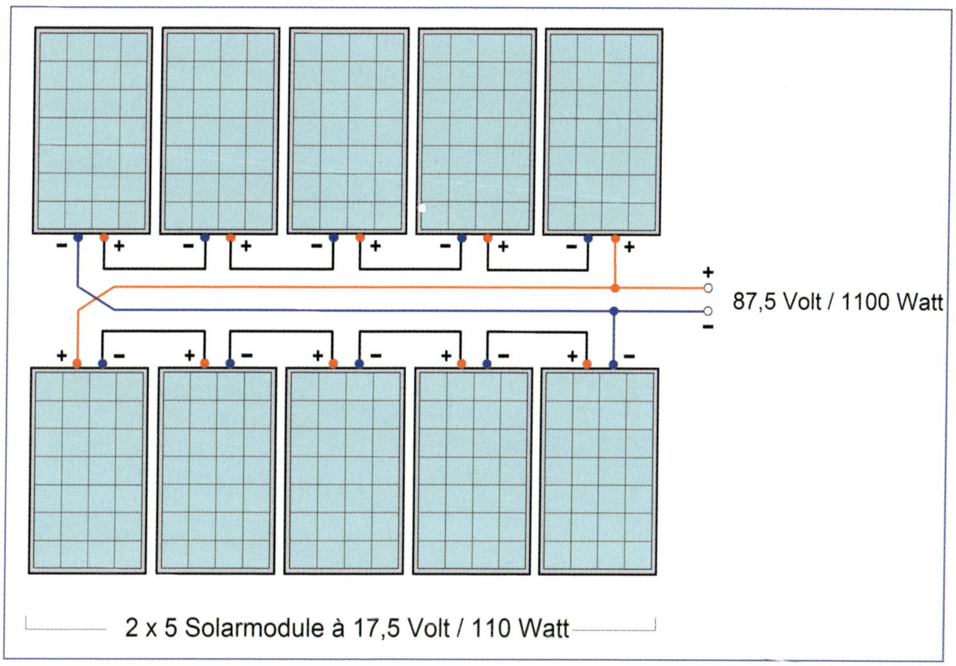

Abb. 4.10 – Um sowohl eine höhere Leistung als auch eine höhere Ausgangsspannung einer Solarzellenfläche zu erhalten, werden einzelne Module seriell-parallel verschaltet

miniert. Solche Module *(Abb. 4.12)* haben keinen Rahmen und können vollflächig z. B. auf rundförmige Dächer von Gebäuden sowie auch auf Dächer von Camping-Fahrzeugen oder Bussen aufgeklebt werden.

Bei amorphen Solarzellenmodulen wird – im Gegensatz zu kristallinen Modulen – die Solarzellenfläche nicht aus einzelnen Zellen zusammengelötet, sondern als eine kompakte und beliebig große Fläche auf die Rückseite einer Glas- oder Kunststoffplatte (bzw. Kunststoff-Folie) aufgedampft. Der Unterschied zu einem kristallinen Solarzellenmodul ist leicht dadurch erkennbar, dass es hier keine sichtbaren Einzelzellen gibt und dass die ganze Solarfläche eine perfekte geometrische Einheit bildet (wie gedruckt). *Abb. 4.13* zeigt amorphe (Dünnschicht) Solarzellenmodule.

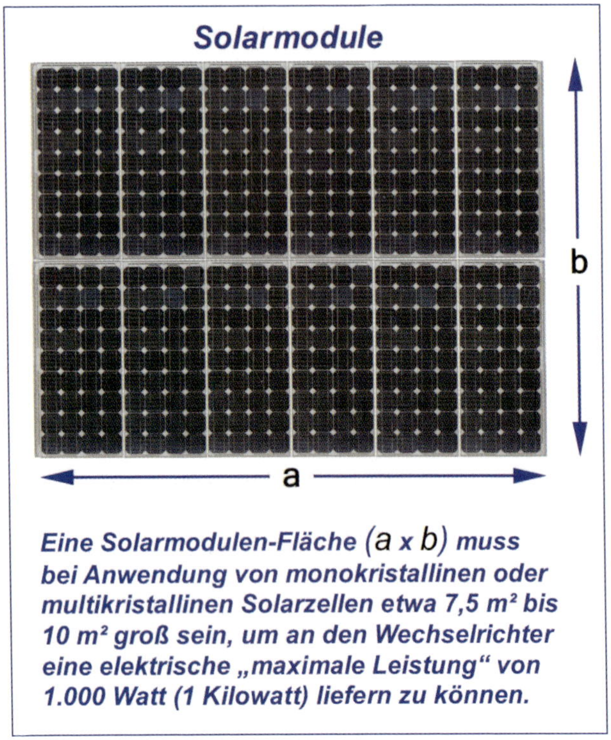

Abb. 4.11 – Bei größeren Solar-Dachanlagen bleibt es im Ermessen des Errichters, wieviele Solarmodulen-Reihen er seriell-parallel verschaltet, um die erforderliche Ausgangsleistung und Ausgangsspannung zu erhalten

Abb. 4.12 – Biegsame Solarzellen-Module können oft bis zu einem Radius von etwas 1,5 m auf leicht gewölbte Flächen aufgeleimt werden

4.2 Einteilung der Module nach Zellenart

Gegenwärtig führt der Handel drei Zellenarten: monokristalline, polykristalline (multikristalline) und amorphe (Dünnschicht-) Zellen. Die herkömmlichen amorphen (Dünnschicht-) Zellen eignen sich überwiegend nur für den Einsatz in kleineren kurzlebigen oder experimentellen Produkten. Für Außenanlagen bzw. Dachanlagen, bei denen eine längere Lebensdauer erwünscht ist, sollten daher bevorzugt nur Module mit kristallinen Solarzellen angewendet werden.

So bleiben gegenwärtig nur noch zwei zellenartbezogene Modulentypen übrig: monokristalline und polykristalline (multikristalline) Module. Näheres über den technologischen Unterschied dieser zwei Zellenarten finden Sie im Kapitel 7.

Wichtig: Den Wirkungsgrad einer Solarzelle können Sie problemlos selbst ausrechnen, wenn sie die in technischen Daten angegebene Nennleistung der Zelle auf ihre Fläche umrechnen und dieses mit den laut internationalen Testbedingungen aufgeführten 1000 Watt/m^2 (= 10 Watt/dm^2 bzw. 0,1 Watt/cm^2) vergleichen.

Beispiel

Eine Solarzelle von 100 x 100 mm hat eine Fläche von 1 dm^2. Bei einem Wirkungsgrad von 14% sollte sie (unter Testbedingungen) 1,4 Watt/dm^2 liefern können.

Das sind Bedingungen, die in Deutschland überwiegend nur an sonnigen Sommertagen vorzufinden sind. Allerdings kann es auch während der Wintermonate um die Mittagszeit sonnige Tage geben, an denen die Sonneneinstrahlung nur geringfügig unterhalb der Testbedingungen liegt.

Ob nun so ein Solarzellenmodul mit monokristallinen oder multikristallinen Zellen bestückt ist, spielt im Prinzip keine allzu bedeutende Rolle, soweit es mit dem Preis/Leistungsverhältnis stimmt. Nur in Ausnahmefällen, bei denen es sehr wichtig ist, dass flächensparend ein Maximum an Leistung erreicht wird, dürften monokristalline Solarzellenmodule vor polykristallinen Modulen Vorrang bekommen. Allerdings nur dann, wenn sie tatsächlich auch eine angemessen höhere Leistung pro Quadratmeter Fläche aufbringen – was keinesfalls als selbstverständlich angenommen werden darf.

Der eigentliche Umwandlungswirkungsgrad stellt nicht unbedingt eine Garantie dafür dar, dass ein Modul mit *monokristallinen* Zellen auch tatsächlich eine höhere Leistung erbringt, als ein Modul mit *polykristallinen* Zellen.

Die modernsten handelsüblichen Solarzellen weisen herstellerabhängig gegenwärtig (weltweit) folgenden -Wirkungsgrad auf:

a) monokristalline Solarzellen: ca. 13 bis 16%

b) polykristalline Solarzellen: ca. 10,6 bis 15%

c) amorphe Silizium-Dünnschichtzellen: ca. 3 bis 8%

Bei Solarzellen – wie auch bei Solarzellenmodulen – basieren alle technischen Angaben auf folgenden internationalen Standard-Testbedingungen:

Sonneneinstrahlung E = 1000 W/m^2 (oder auch 100 mW/cm^2)

Zellentemperatur Tc = 25 °C

Spektralverteilung AM = 1,5

Da sich die Wirkungsgrad-Bereiche beider Zellenarten überschneiden, kann unter Umständen ein polykristallines Modul denselben Wirkungsgrad haben wie ein monokristallines Modul – was zudem auch noch von der Flächennutzung im Modul abhängt. So ist z. B. schon der Abstand zwischen einzelnen Zellen herstellerbezogen unterschiedlich. Dazu kommt noch der Zwischenraum zwischen den Zellen und dem Rahmen und letztendlich auch noch die Breite des Rahmens.

4.2 Einteilung der Module nach Zellenart

Im Grunde genommen geht es daher nur um die Frage, welchen Umwandlungswirkungsgrad die ganze Modulenfläche samt Rahmen hat. Das ist ja für die eigentliche Flächennutzung bestimmend – soweit dieser Aspekt bei dem vorgesehenen Projekt überhaupt von Bedeutung ist.

In dem Fall wird beim Vergleich des Flächen/Leistungs-Verhältnisses die vom Hersteller angegebene Modulen-Nennleistung in die ganze Modulenfläche verrechnet.

Abb. 4.13 – Amorphe Solarmodule unterscheiden sich von kristallinen Modulen optisch durch eine kompakte Solarfläche, an der keine kleineren Einzelzellen erkennbar sind

Beispiel A

Ein Solarzellenmodul hat eine Nennleistung von 120 Watt (120 Wp) und Abmessungen von 1476 mm x 660 mm x 35 mm (die 35 mm beziehen sich auf die „Dicke" des Moduls und sind daher für die Flächenberechnung nicht relevant).

Wir erleichtern uns das Berechnen der **Modulen-Leistung pro m²** dadurch, dass wir statt mit Millimetern gleich mit Metern rechnen werden:

$1{,}476\ \text{m} \times 0{,}660\ \text{m} = 0{,}974\ \text{m}^2$

Die 0,974 m² können wir einfachheitshalber auf einen vollen Quadratmeter aufrunden und somit davon ausgehen, dass in diesem Fall bei der Planung von einer Modulenleistung von „**120 Watt pro Quadratmeter** Solarfläche" ausgegangen werden kann (bei Anwendung *dieser* Module).

Beispiel B

Ein Solarzellenmodul hat eine Nennleistung von 170 Watt (170 Wp) und Abmessungen von 1580 mm x 800 mm. Wir erleichtern uns auch hier das Berechnen der **Modulen-Leistung pro m²** dadurch, dass wir statt mit Millimetern gleich mit Metern rechnen werden:

$1{,}58\ \text{m} \times 0{,}8\ \text{m} = 1{,}264\ \text{m}^2$

Die Modulenleistung von 170 W pro 1,265 m² Fläche rechnen wir uns nun auf eine Leistung pro Quadratmeter um:

$1\ \text{m}^2 : 1{,}264\ \text{m}^2 = 0{,}791$

$0{,}791 \times 170\ \text{Watt} =$ **134,5 Watt pro m²**

Bemerkung

Eine solche rechnerische Ermittlung der Modulenleistung pro Quadratmeter ermöglicht Ihnen einen schnellen Preis-/Leistungs-Vergleich diverser Module.

4.3 Technische Parameter handelsüblicher Module

Die elektrischen Daten handelsüblicher Solarzellenmodule sind identisch mit den Daten der Solarzellen, die im Zusammenhang mit den „kahlen“ Einzelzellen in Kapitel 8 noch detaillierter erläutert werden:

a) Nennspannung (Spannung bei max. Leistung) in Volt
b) Nennstrom (Strom bei max. Leistung) in Ampere
c) Nennleistung (max. Leistung) in Watt
d) Leerlaufspannung in Volt
e) Kurzschluss-Strom in Ampere
f) Umwandlungs-Wirkungsgrad in %

Weiterhin werden bei den Modulen die Abmessungen, das Gewicht und evtl. andere spezielle technische Eigenschaften (Meerwasserresistenz, Unempfindlichkeit gegen schweren Hagel usw.) angegeben.

Solarmodul AP 1206	
Max. Leistung	120 Wp
Nennspannung	16,9 V
Nennstrom	7,1 A
Leerlaufspannung	21,0 V
Kurzschluss-Strom	7,7 A
Gewicht	11,9 kg
Abmessungen (L x B x H)	1476 x 660 x 35 mm

Tabelle 4.1 – Auf diese Weise werden die technischen Parameter der Solarmodule in Katalogen und Prospekten aufgeführt

Die Herstellerangaben der Zellenparameter beziehen sich auf diese technischen **Maximumwerte**, die oft (bzw. teilweise) auch als **„Nennwerte“** bezeichnet werden. Manche Hersteller und Anbieter benutzen

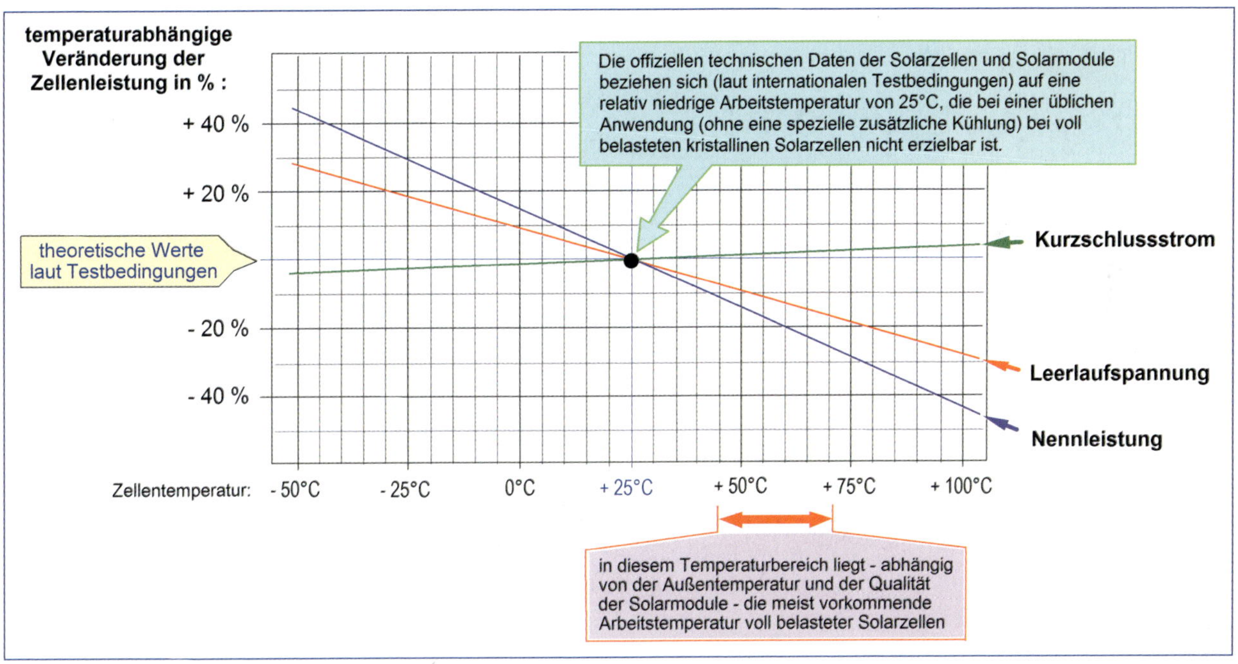

auch noch die Bezeichnung „**Max. Leistung**", „**Max. Spannung**" **oder** „**Max. Strom**". Alle diese Bezeichnungen haben dieselbe Bedeutung und basieren auf Messungen, die also nur unter optimalen Bedingungen (unter den vorher aufgeführten internationalen Standard-Testbedingungen) erreicht werden.

Eine gehobene Aufmerksamkeit verdienen bei der Modulen-Wahl die Nennspannung und Nennleistung, denn sie sind nicht nur von der jeweiligen Bestrahlung der fotovoltaischen Zellenfläche, sondern auch noch von der jeweiligen Betriebstemperatur abhängig.

Die Abhängigkeit der Modulenspannung und Modulenleistung von der Sonnenbestrahlung kann am einfachsten mit Hilfe von *Abb. 4.14* verdeutlicht werden, bei der die „sonnenabhängige" Leistung einer Solar-Fontainenpumpe bildlich dargestellt ist: Bei kräftigem Sonnenschein liefert das Solarmodul die volle Spannung und volle Leistung. Mit sinkender Sonnenbestrahlung (bzw. leicht bewölktem Himmel) sinkt auch die Modulen-Spannung und Modulen-Leistung. Bei stärker bewölktem Himmel liefert das Modul nur eine zu niedrige (unbrauchbare) Spannung und Leistung. Das Modul selbst kann keine elektrische Energie speichern. In dem Moment, wenn die Bestrahlung der Zellenfläche des Moduls verringert wird, verringert sich dementsprechend auch die vom Modul gelieferte Spannung und Leistung. Wird das Modul gar nicht mehr bestrahlt, stellt es sich sozusagen tot.

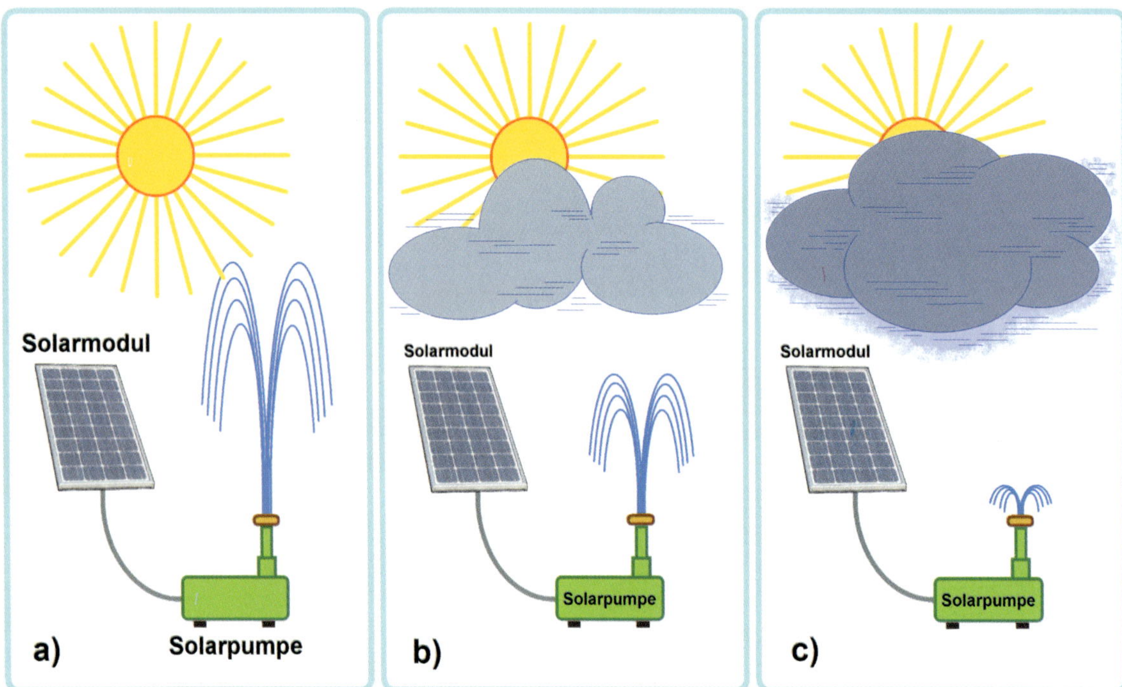

Abb. 4.14 – Die jeweilige elektrische Leistung und Spannung eines jeden Solarzellen-Moduls hängt von der momentanen Sonnenbestrahlung ab

4.3 Technische Parameter handelsüblicher Module

Die jeweilige Leistung und Spannung der kristallinen Solarzellen hängt zudem auch noch von ihrer Temperatur ab. Erhöht sich die Temperatur eines Solarmoduls von den (laut Testbedingungen vorgesehenen) 25 °C z. B. (um + 30 °C) auf 55 °C, sinkt die solarelektrische Modulen-Leistung um ca. 15 %. Sinkt dagegen die Temperatur der Zellen (um – 30 °C) auf -5 °C, steigt die Modulen-Leistung um ca. 15 % – siehe hierzu auch die grafische Darstellung auf Seite 45.

Diese Eigenschaft der Solarzellen erscheint auf den ersten Blick vielleicht als nur geringfügig bedeutend, aber der Schein trübt. Wenn während der warmen Jahreszeit die Solarmodule mit einem Wechselrichter verbunden und somit voll belastet sind, heizen sie sich von der Sonne und von dem durchfließenden elektrischen Strom ziemlich oft auf eine „Arbeitstemperatur" von z. B. 55 °C auf. Dies hat bei einer 1000-Watt-Solaranlage einen Leistungsverlust von stolzen 150 Watt zufolge. Von den restlichen 850 Watt gehen dann weitere 55 bis 60 Watt im Wechselrichter verloren und die ins öffentliche Netz „durchverkaufte" Leistung beträgt dann *nicht* die oft fälschlich angepriesenen 1000 Watt, sondern *nur* 790 bis 795 Watt – wozu auch die Streuung der Zellenparameter beiträgt. Sie wird in den Datenblättern mit ± 5 % oder mit ± 10 % (herstellerabhängig) angegeben.

Das unsympathische Dilemma besteht darin, dass bei dieser Stromgewinnung gerade an warmen Sommertagen die Sonne ihre Energie großzügig spendet und an kühlen Wintertagen wiederum die Intensität der Zellen-Bestrahlung nicht ausreicht, um aus den kühleren Solarzellen die volle Leistung herauszuholen. Zudem wärmen sich voll belastete Solarzellen auch bei Minustemperaturen ziemlich auf, wodurch sich der theoretische Vorteil auf eine höhere energetische Ausbeute nur geringfügig – oft aber gar nicht – auswirkt.

Somit kommt eigentlich der „Betreiber" einer Fotovoltaik-Anlage nur selten in den Genuss, aus einer Solarzellenfläche mehr als bestenfalls etwa 78 bis 80 % der offiziellen Nennleistung herauszuholen. Gut zu wissen! Diese Tatsache sollte bei der Dimensionierung einer Fotovoltaik-Anlage und bei der Berechnung der Rendite berücksichtigt werden.

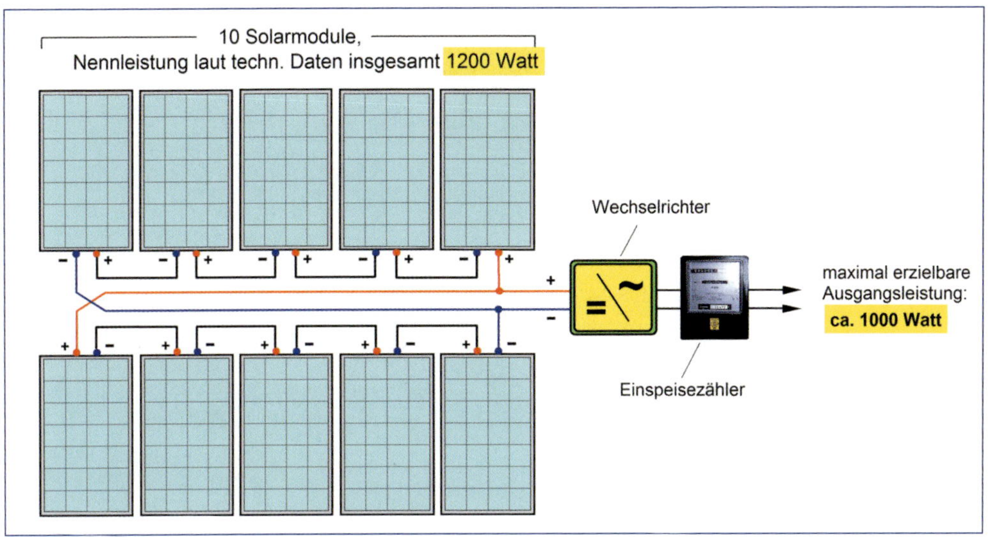

Abb. 4.15 – Die tatsächliche elektrische Leistung einer netzgekoppelten Fotovoltaik-Anlage, die in das öffentliche Netz eingespeist (durchverkauft) werden kann, liegt oft auch unter optimalen Bedingungen nur bei etwa 80 % der Summe der offiziellen Nennleistung aller Solarmodule

4.4 Die wichtigsten Unterschiede in der mechanischen Ausführung

Abgesehen von den amorphen Dünnschicht-Modulen, die für Dachanlagen bzw. Außenanlagen nur bedingt geeignet sind, ist bei der Wahl von kristallinen Modulen auf folgende mechanische Eigenschaften zu achten:

- Anwendungsbezogene **Robustheit** der Ausführung: Module, die mit ausreichend dickem (3 bis 4 mm) thermisch gehärteten Glas – statt mit Kunststoff – geschützt sind, verkratzen nicht so leicht und ihre Lichtdurchlässigkeit bleibt sehr lange erhalten.
- Einige Modulen-Hersteller geben bei den technischen Daten ihrer Solarmodule auch die **Unempfindlichkeit gegen Hagelschlag** an und konkretisieren es oft mit dem maximal „zumutbaren" Durchmesser der Hagelkörner (z. B. in der Form von Ø 25 mm) und der maximal „zumutbaren" „Fluggeschwindigkeit" der Hagelkörner (z. B. als 23 m/s). Diese beiden Werte stellen objektiv ausreichende „Erfahrungswer-

Abb. 4.16 – Spezielle Modulklemmen erleichtern sowohl die Montage und das Auswechseln der Solarmodule (Foto Schletter GmbH)

te" dar, die in Kombination mit einer angemessenen Portion Glück das Risiko einer Vernichtung des Moduls durch Hagel sehr verringern.

- **Montagefreundlichkeit:** Ein massiver Modulen-Metallrahmen ermöglicht oft eine selbsttragende Montage (ohne eine aufwändige zusätzliche Unterkonstruktion). Zudem gibt es auch spezielle Dachmodule, die sich sogar zu einer wasserundurchlässigen Dachhaut zusammenmontieren lassen und somit die Aufgabe der Dachziegel übernehmen (was jedoch oft zu kostspielig wird und daher nicht unbedingt erforderlich ist).
- **Rostfreier Modulenrahmen** und ebenfalls rostfreies Montagezubehör. Verzinktes Eisen bzw. verzinkte Montageteile aus „Stahl" sollten bei dieser Anwendung nicht unbedingt als rostfrei betrachtet werden, da sie erfahrungsgemäß nach einigen Jahren zu rosten anfangen und somit einen zusätzlichen Aufwand an Unterhalt beanspruchen (was an einem höheren Dach kompliziert werden kann). Dabei darf man sich nicht damit trösten lassen, dass es am Dach nichts ausmacht, wenn da eine Schraube etwas einrostet. Es kann leicht vorkommen, dass eines der Solarzellenmodule z. B. durch Hagel, Unwetter oder durch einen internen Defekt vernichtet wird und ausgewechselt werden muss (was eventuell voraussetzt, dass auch etliche weitere Module vorübergehend demontiert werden). Eingerostete Schrauben können dann so eine Reparatur sehr komplizieren.
- Die **Auswechslung** einzelner Module sollte möglichst einfach sein. Manche der speziellen Module – darunter z. B. auch diverse Module, die als „Dachziegel-Ersatz" ausgelegt sind – lassen sich zwar sehr leicht montieren, aber wehe, wenn man später eines der Module aus der Mitte der Solarfläche demontieren will. Da muss oft mindestens ein Viertel der Modulenfläche auseinandergenommen werden, um ein defektes Modul in der Mitte ersetzen oder reparieren zu können.

Für den Selbstbau sollte man zudem bevorzugt nach Modulen Ausschau halten, deren Gewicht nicht so hoch ist, dass sie nur mit einem großen Kran auf dem Dach angebracht werden können. Hier sollten bereits im Planungsstadium sowohl die Höhe des Daches als auch andere Gegebenheiten, die einen Selbstbau komplizieren könnten, in die Planungsüberlegungen gut durchdacht einbezogen werden.

4.5 Die besten Module für Ihr Vorhaben

Bei der Suche nach der günstigsten Modulen-Type verdient die größte Aufmerksamkeit die **Modulen-Nennspannung**, denn diese sollte – wie bereits erwähnt wurde – auf die optimale Eingangsspannung des angewendeten Wechselrichters abgestimmt werden. Da ein einziges Modul nicht die erforderliche Spannung erzeugen kann, müssen sich die angewendeten Module zu Ketten (seriell) zusammenstellen lassen, die möglichst nahe an der erforderlichen Eingangsspannungs-Höchstgrenze des Wechselrichters liegen (siehe hierzu Kapitel 6).

Neben der optimalen **Nennspannung** muss die aus Modulen zusammengestellte Solarzellen-Fläche auch die erforderliche **Nennleistung** aufbringen können, die den Wechselrichter angemessen auslastet. Dies ist zwar nicht technisch bedingt, denn der Wechselrichter darf für eine beliebig höhere Leistung ausgelegt sein, als die fotovoltaische Dachanlage liefern (oder „vorerst liefern") kann. Ein überproportional leistungsstarker Wechselrichter ist jedoch unnötig teuer und hätte daher als Investition nur dann eine Berechtigung, wenn eine spätere Ausbreitung der Solarzellenfläche geplant ist.

Ein Außenmodul sollte bevorzugt mit einer Glas- und nicht mit einer Kunststoffscheibe geschützt sein. Kunststoff ist kratzempfindlich und man rechnet daher bei Modulen mit Kunststoffscheiben mit nur einer offiziellen „minimalen Lebenserwartung" von 10 Jahren – gegenüber ca. 20 bis 25 Jahren bei verglasten Modulen.

Ähnlich wie bei allen Fensterscheiben hängt auch hier von der „gebietsbezogenen" Luftverschmutzung ab, innerhalb welcher Zeitspanne sich die Modulenscheiben mit einem grauen Film überziehen, der sich als „Sonnenschutz" auswirkt. Neben rauchenden Schornsteinen und verschmutztem Regen trägt zu der Bildung eines solchen Sonnenschutz-Films auch Blütenstaub, natürlicher Staub und Vogelkot bei. Gehärtete Glasscheiben werden erfahrungsgemäß vom Regen wesentlich besser saubergehalten als Kunststoffscheiben, in die sich der Schmutz schneller und kräftiger hineinfrisst.

Die Anschlussklemmen der Module sollten sichtbar Messingschrauben haben und nicht nur galvanisierte Stahlschrauben. Es ist ärgerlich, wenn sonst nach einigen Jahren die Anschlussklemmen verrostet sind und das Anschlusskabel bei Bedarf nicht leicht demontierbar ist. Auch alle weitere Montageteile aus Metall sollten – wie bereits an anderer Stelle erwähnt wurde – bevorzugt aus rostfreiem Stahl oder aus nicht rostenden Metallen erstellt sein (verzinktes Eisen rostet oft nach kurzer Zeit durch).

Zu achten ist beim Kauf auch darauf, dass die angebotenen Solarzellenmodule vollständig spezifiziert sind. Wenn zu viele technische Daten fehlen, kann es sich um fragliche Module (alte Restposten) oder um einen fraglichen Anbieter (kein Service) handeln.

Die geringsten Zugeständnisse sollte man bei der **Modulen-Nennspannung** machen. Wenn hier die vorgesehene Spannungsreserve nicht zur Verfügung

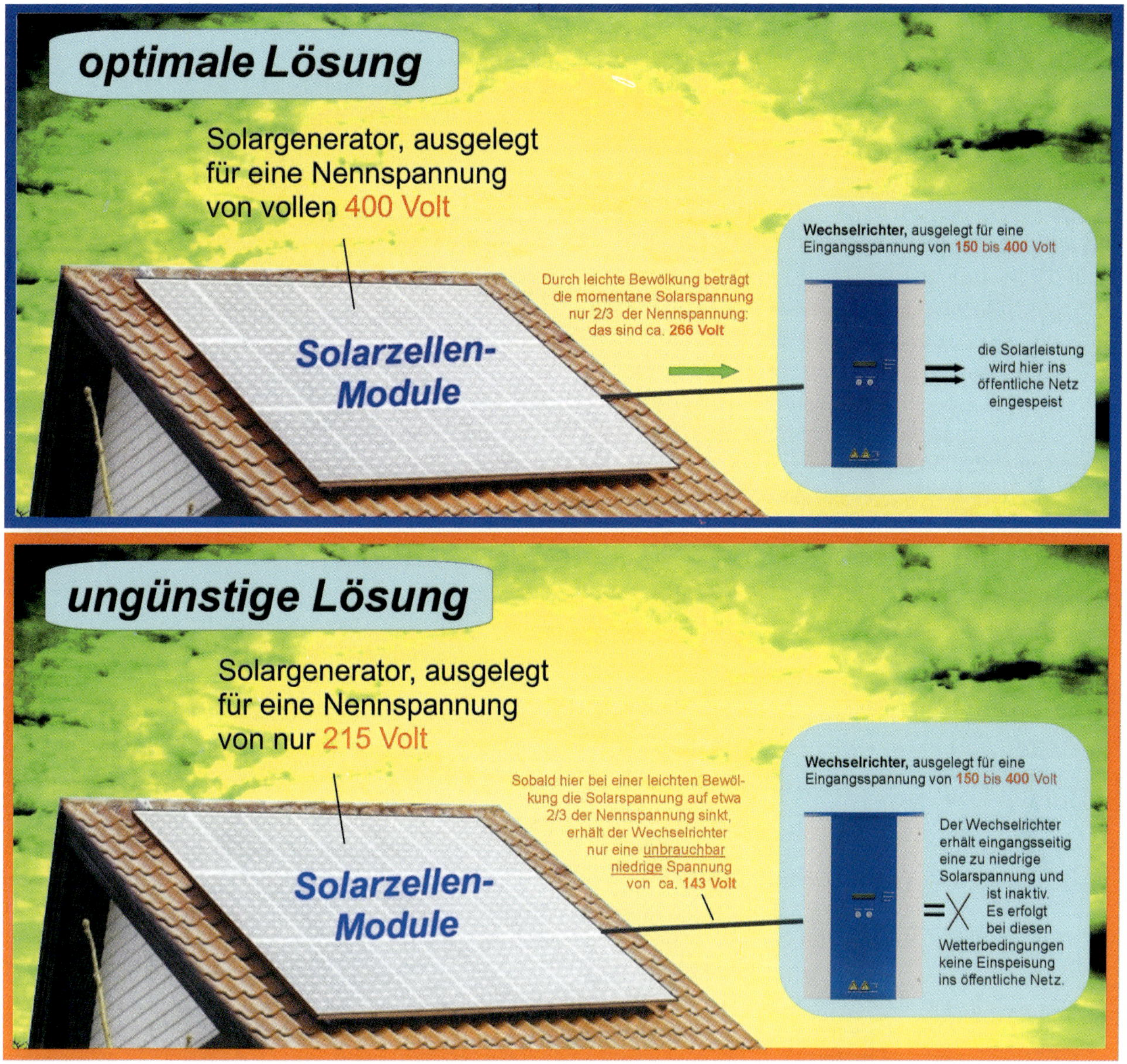

Abb. 4.17 – Die Nennspannung des Solargenerators sollte nach Möglichkeit nahe an der Höchstgrenze des Wechselrichters liegen, damit der Wechselrichter auch bei einem etwas bewölkten Himmel noch eine brauchbar hohe Solarspannung erhält, die er ins öffentliche Netz einspeisen kann

steht, helfen alle anderen Parameter gar nichts. Ein Solarzellenmodul soll ja in den meisten Fällen auch noch unter etwas ungünstigeren Wetterbedingungen elektrische Energie liefern. Die Ansprüche können zwar projektbezogen unterschiedlich sein, aber es wird nur selten ausreichen, dass so ein Modul ausschließlich an sonnigen Sommertagen seine Aufgabe „zumutbar" erfüllt.

Die Nennspannung einzelner Module sollte daher bevorzugt so gewählt werden, dass sie in einer Reihenschaltung (Serienschaltung) möglichst genau bis an die Obergrenze der zulässigen Eingangsspannung des angewendeten Wechselrichters reicht. Dadurch wird auch bei etwas weniger Sonnenschein der Wechselrichter das erforderliche **Eingangsspannungs-Minimum** erhalten, das er noch verwerten kann (darauf kommen wir im Kapitel 6 detaillierter zurück).

Dass die Modulen-Leistung als zweiter wichtiger Parameter ebenfalls für die Modulenwahl bestimmend ist, versteht sich von selbst, denn die erzielbare maximale Solarleistung sollte – soweit möglich – auf die Leistung des angewendeten Wechselrichters abgestimmt sein. Dies ist zwar nicht technisch erforderlich, aber es ist Geldverschwendung, wenn die Leistung des angewendeten Wechselrichters nicht angemessen voll genutzt wird. Es sei denn, man installiert vorerst nur einen Teil der vorgesehenen Solarzellenfläche und plant einen späteren Ausbau ein (siehe auch hierzu Kapitel 6).

Alle weiteren wichtigen Parameter und Eigenheiten wurden bereits an anderen Stellen angesprochen.

Für ein Dachanlagen-Projekt ist jedenfalls von größter Bedeutung, dass Solarmodule ausfindig gemacht werden, die sich zu Sektionen zusammenstellen lassen, deren *Nennspannung* (Ausgangsspannung) und *Nennleistung* optimal auf den angewendeten Wechselrichter angepasst wird.

Bei der Wahl der optimalen Modulentype ist auch die **Lebenserwartung** und evtl. die **Beschattungs-Unempfindlichkeit** mitzuberücksichtigen.

Die *Lebenserwartung* eines Solarzellen-Dachmoduls hängt – wie bereits angesprochen – vor allem von der Zellentype und von der Qualität des Solarmoduls ab. Wir haben bereits an anderer Stelle erwähnt, dass für langlebigere Fotovoltaik-Anlagen *kristalline* Solarzellen vor Dünnschicht-Zellen Vorrang verdienen und dass eine thermisch gehärtete Glasscheibe als Zellen-Abdeckung des Moduls vor einer preiswerteren Kunststoffscheibe präferiert werden dürfte. Viele Modulenhersteller geben bei thermisch gehärteten Glasscheiben eine „garantierte Lebensdauer von 20 Jahren", bei Kunststoffscheiben dagegen nur von 10 bis 15 Jahren an.

Das ist allerdings nur Theorie. In letzter Zeit häufen sich Kundenbeschwerden über die mangelnde Qualität mancher Solarmodule. Zu den nicht selten vorkommenden Defekten gehören schlecht verlötete Verbindung (Lötfahnen) zwischen einzelnen Solarzellen (siehe hierzu Abb. 3.3), die sich nach einiger Zeit (manchmal erst nach einigen Jahren) lösen. Geschieht dies bei einem Solarmodul, in dem z. B. zwei Zellenketten parallel angeordnet sind, kann es länger dauern, bevor ein solcher Defekt wahrgenommen wird, da eine der Zellenreihen intakt bleibt. Das Solarmodul liefert dann zwar nur die Hälfte der Nennleistung, aber das fällt bei größeren Solarzellenflächen nicht unbedingt gleich auf. Abhilfe bieten gute schriftliche Bestellungen und/oder Verträge, in denen u. a. spezifiziert wird, dass die Module technisch sowie auch optisch einwandfrei sind.

Die Beschattungs-Unempfindlichkeit der Zellen stellt eine Eigenschaft dar, die gründlicher erklärt werden sollte:

4.6 Beschattungs-Unempfindlichkeit

Unter dem Begriff „Beschattungs-Unempfindlichkeit" verstehen wir vor allem die Unempfindlichkeit des Moduls bei Beschattung einer oder einiger seiner Solarzellen. Sobald ein Viertel oder ein Drittel der Fläche *einer* der Solarzellen beschattet wird, sinkt ihre Nennspannung und Nennleistung üblicherweise unter ein „technisch zumutbares" Niveau und sie wirkt sich auf den *durch sie* durchfließenden elektrischen Strom – den die restlichen Solarzellen erzeugen – als ein Hindernis aus.

Da eine jede Kette jeweils nur so kräftig ist wie ihr schwächstes Glied, wirkt sich eine derartige Beschattung einer einzigen Solarzelle im Modul nach Abb. 4.18 auf die ganze Leistung des Solarmoduls sowie auch auf die Ausgangsleistung aller Module aus, die in Reihe mit diesem Modul verschaltet sind.

Einfach formuliert stellt sich unter solchen Umständen die ganze Modulenkette sozusagen wie nicht existent – wie das Beispiel in *Abb. 4.19* zeigt.

Es wurde bereits an anderen Stellen darauf hingewiesen, dass sich die herkömmlichen amorphen Dünnschicht-Solarmodule für langlebigere Anwendungen nicht eignen. Einige Hersteller haben inzwischen die Modulen-Dünnschichttechnik technologisch verbessert und geben bei ihren Modulen einen Wirkungsgrad von 8 % und eine Lebensdauer von ca. 20 Jahren an.

Die Herstellungskosten sind bei diesen Modulen wesentlich niedriger, als bei kristallinen Modulen und somit könnte die Anwendung dieser Dünnschicht-Module für so manches Selbstbau-Vorhaben ihre Berechtigung haben. Vorausgesetzt, dass sich dadurch die Anlagenkosten merkbar drücken lassen und dass die Installation eigenhändig – und somit preiswert – gehandhabt werden kann. Andernfalls kann eine gewerblich durchgeführte Installation der ganzen Fotovoltaik-Anlage derartig viel Geld verschlingen, dass man nicht unbedingt gerade durch die Anwendung von Dünnschicht-Solarmodulen zu sparen versuchen sollte.

Manchmal können jedoch andere Gründe die Anwendung von Dünnschicht-Modulen befürworten. So bietet z. B. *Thyssen-Solartec* ein Dach- und Fassadensystem an, bei dem die Dünnschicht-Solarfolie direkt auf verzinkten und kunststoffbeschichteten Stahlblech-Dachelementen auflaminiert ist. Solche Elemente können vor allem z. B. bei landwirtschaftlichen Gebäuden direkt anstelle von Dachziegeln bzw. von Trapezblech-Dachabdeckungen eingesetzt werden. Der niedrigere Wirkungsgrad dieser Dünnschicht-Module muss nicht unbedingt als ein Handicap betrachtet werden, wenn die Dachfläche groß genug ist.

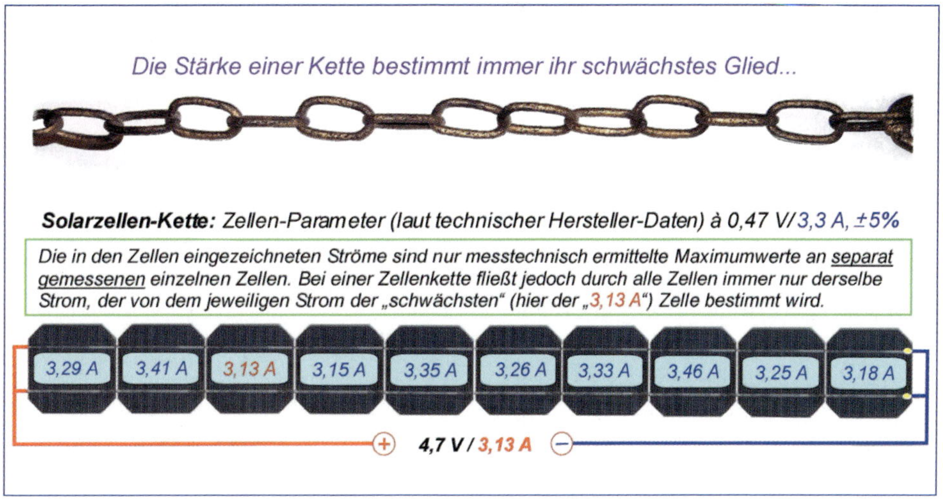

Abb. 4.18 – Durch eine Zellenkette fließt nur ein Strom, der von der schwächsten Zelle der Kette bestimmt wird.

4.6 Beschattungs-Unempfindlichkeit

Der Grund, weshalb so eine teilbeschattete Modulenkette ihren Beitrag zu der Energieausbeute nicht mehr leisten kann, ist anhand der *Abb. 4.19* einfach zu erläutern: Sobald – oder so lange – die Spannung an der Kathode (rechts) der **Schottky-Diode B** höher ist als die Spannung an ihrer Anode, ist die Diode gesperrt. Das gilt für alle Dioden. In unserem Beispiel beträgt die Spannung an der Anode der **Schottky-Diode B** (an ihrer linken Seite) nur ca. 52,5 Volt. Ihre Kathode ist jedoch an einer gemeinsamen Zuleitung zum Wechselrichter angeschlossen, dem von den anderen zwei Modulenketten eine Spannung von 70 Volt zugeführt wird.

Das Ganze ist eine physikalisch bedingte Sachlage und es spielt auch keine Rolle, ob in dem Moment die anderen (in unserem Bei-

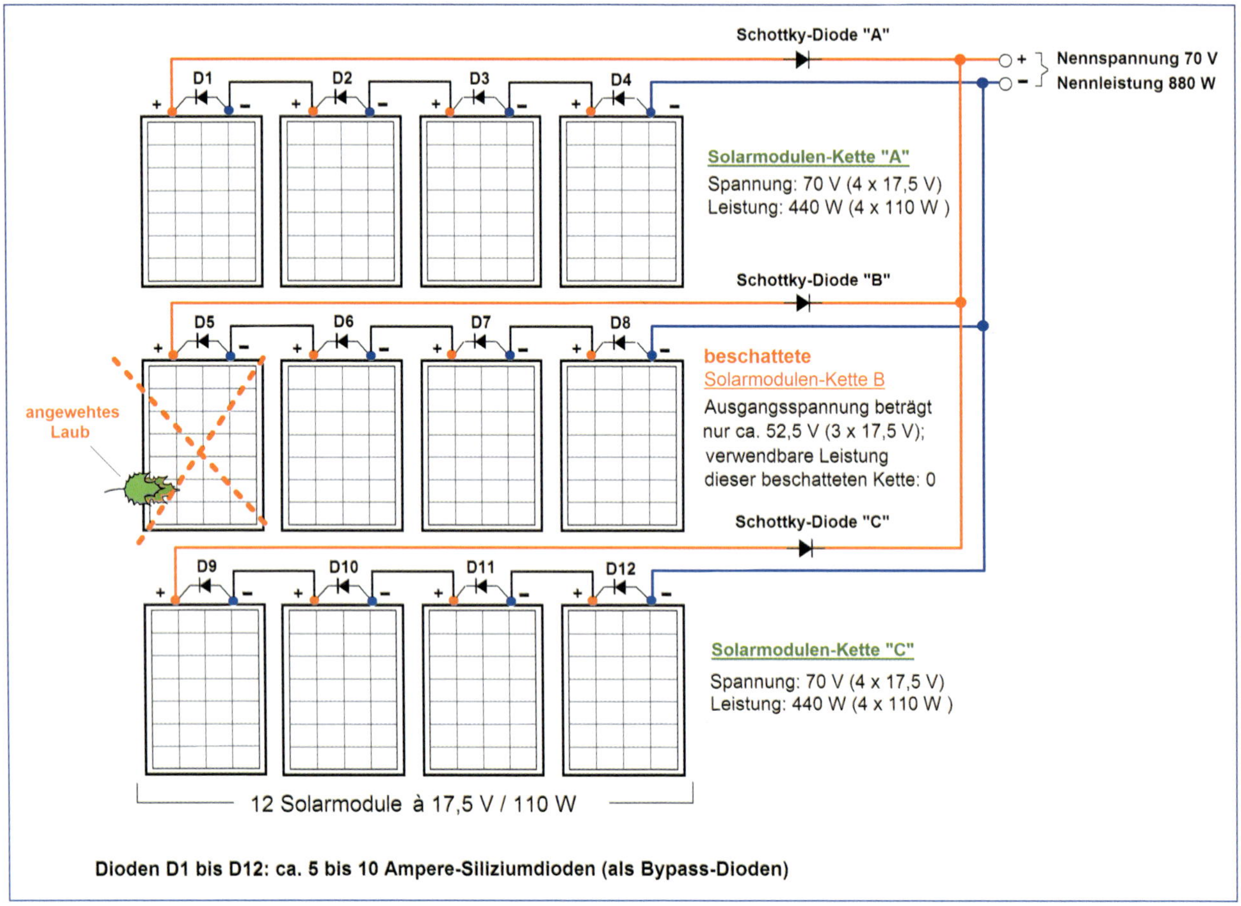

Abb. 4.19 – Wenn eine einzige Solarzelle in einem Solarmodul beschattet wird, kann sie die ganze Modulenreihe „elektrisch verstopfen" und außer Dienst setzen

spiel die restlichen zwei) Modulenketten ihre volle Nennspannung oder – bei einem bewölkten Himmel – nur eine niedrigere Spannung aufbringen, denn es geht allein um das Verhältnis der Spannungen der einzelnen Modulenreihen zueinander.

Dieser Aspekt spielt auch dann eine wichtige Rolle, wenn eine – oder auch mehrere – der Solarzellen nur relativ wenig beschattet bzw. verschmutzt sind oder wenn die Ausgangsspannungen der einzelnen Modulenketten zu große Unterschiede aufweisen, obwohl diese nicht beschattet sind. Die Modulenkette mit der höchsten Ausgangsspannung dominiert dann als „Haupt-Stromlieferant" und dämpft dabei – einfach formuliert – die tatsächlich gelieferte Leistung der restlichen Modulenketten.

In der Praxis kommt es meistens nur bei niedrig installierten Solarzellenmodulen vor, dass sie von einem Baum oder einem Gebäude täglich eine gewisse Zeit lang beschattet werden. Es gibt beschattungsunempfindliche Solarzellenmodule, in denen sogenannte ***Bypass-Dioden*** integriert sind. Sie können – wie z. B. bei einigen der *Sharp-Zellen* – entweder direkt im Silizium jeder Solarzelle individuell „eingeätzt" oder zusätzlich neben den Zellen im Modul nach *Abb. 4.20* eingelötet werden.

Bei der letzteren Lösungsweise geben sich die meisten Hersteller damit zufrieden, dass sie mit den zusätzlich eingelöteten Bypass-Dioden jeweils mehrere Solarzellen nach *Abb. 4.20b* überbrücken.

Je weniger Solarzellen des Moduls jeweils so eine Bypass-Diode überbrückt, um so höher wird die Restleistung und Restspannung des Moduls, wenn z. B. nur eine oder zwei seiner Solarzellen beschattet werden. Aus dieser Sicht ist eine Lösung nach *Abb. 4.20a* theoretisch günstiger (aber aufwendiger) als eine Lösung nach *Abb. 4.20b.*

In der Praxis ist es herstellungstechnisch schwierig, im Modul zwischen den Solarzellen zu viele der relativ dicken Bypass-Dioden zusätzlich einzulöten. Dieser Umstand entfällt zwar, wenn die Bypass-Dioden direkt in das Silizium jeder der Zellen eingeätzt werden. Das verteuert aber wiederum die Herstellung und bringt nur bei den Modulen Vorteile, bei denen standortbezogen eine Beschattung häufig vorkommt.

Daher geben sich die meisten Modulenhersteller damit zufrieden, dass sie im Modul jeweils nur längere Zellensektionen nach *Abb. 4.20b* mit einer gemeinsamen Bypass-Diode überbrücken. In den Datenblättern der Module wird dann die Anordnung solcher Bypass-Dioden oft mit den gängigen Schaltzeichen der Solarmodule nach *Abb. 4.20c* skizziert. Diese Schaltzeichen werden einheitlich sowohl für einzelne Solarzellen als auch für Solarmodule oder Modulen-Sektionen angewendet. Aus so einem Zeichensymbol geht also nicht hervor, wieviele Solarzellen es konkret darstellt und wie diese Zellen verschaltet sind. Daher haben wir in diesem Buch einer bildlichen Darstellung der Module oder – wenn es der Sache dienlich war – auch der zeichnerisch einzeln dargestellten Solarzellen Vorrang gegeben.

Nun zurück zu der Problematik der Zellenbeschattung und der Anwendung von Bypass-Dioden: Sie erfüllen im Prinzip zwei unterschiedliche Funktionen:

a) Schutz des Moduls vor Vernichtung
b) Erhaltung der Funktion auch bei einer Teilbeschattung

Wenn eine Bypass-Diode ein ganzes Modul *nach Abb. 4.19* überbrückt (kurzschließt), schützt sie es zwar vor Vernichtung, aber bringt es dabei sozusagen aus dem Spiel.

Das angesprochene Risiko der Vernichtung eines Solarmoduls infolge länger andauernder Beschat-

4.6 Beschattungs-Unempfindlichkeit

tung verdient eine kurze Erklärung:

Wird eine der Modulen-Solarzellen länger beschattet, verhält sie sich quasi wie ein verstopftes Wasserrohr. Die anderen Zellen der Kette versuchen dennoch ihren Nennstrom durch diese „Verstopfung" durchzudrücken – vorausgesetzt, dass am Kettenausgang eine entsprechende Belastung vorhanden ist. Falls die Zelle derartig stark beschattet wird, dass ihr Kurzschluss-Strom niedriger ist als der jeweilige Nennstrom der restlichen Zellen in der Kette, kann dies unter Umständen (bei intensiverem Sonnenschein) zufolge haben, dass sich die Zelle umpolt. Sie stellt somit der treibenden Spannung der restlichen Zellen ihre Sperrspannung entgegen. Dadurch heizt sie sich überproportional auf und kann gegebenenfalls die Vergussmasse im Modul derartig aufwärmen bzw. „anbraten", dass sich diese verfärbt oder dass sie sogar Blasen bildet. Beides hat zufolge, dass die Lichtdurchlässigkeit der Vergussmasse abnimmt, wodurch die betroffene Zelle neben der Beschattung auch noch diesem zusätzlichen Han-

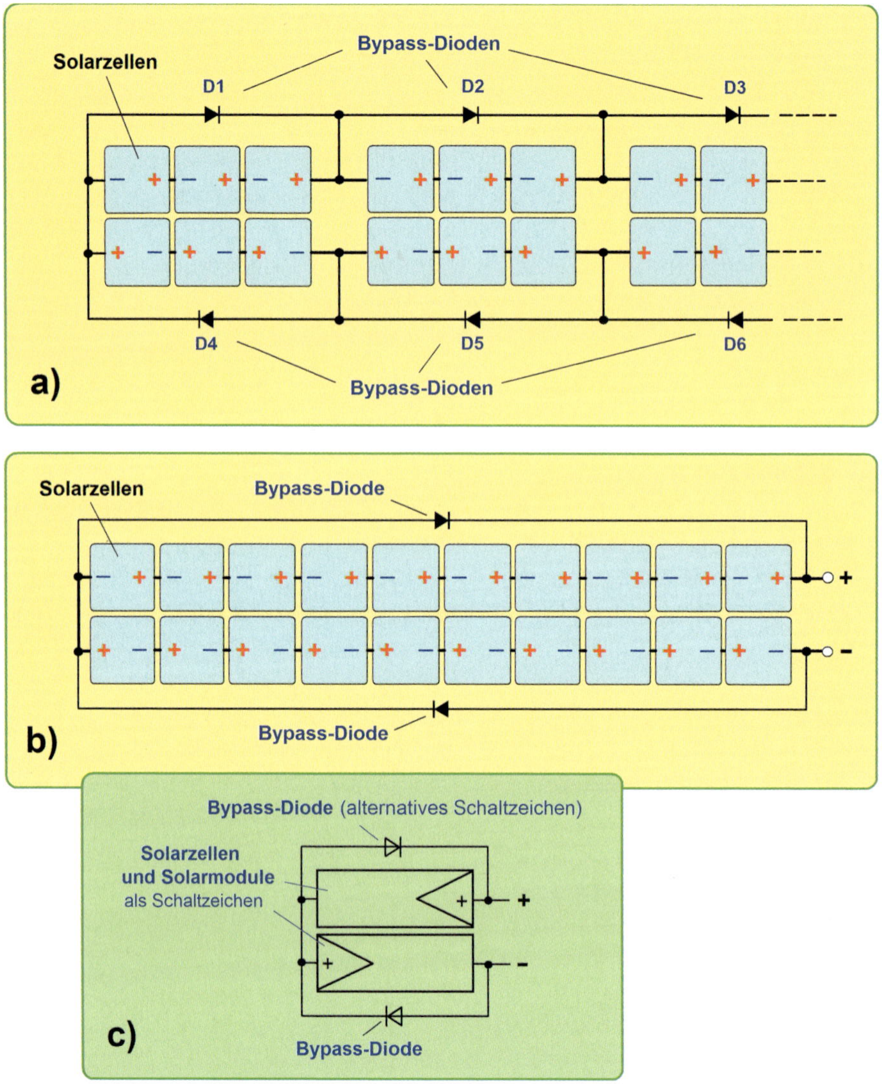

Abb. 4.20 – Anordnungsbeispiele von zusätzlichen Bypass-Dioden im Solarmodul: **a)** je weniger Zellen mit einer Bypass-Diode überbrückt werden, desto geringer ist der Leistungsverlust des Moduls bei einer Teilbeschattung; **b)** in den meisten handelsüblichen Solarmodulen werden jeweils nur längere Zellenreihen mit einer Bypass-Diode überbrückt; **c)** die vorhergehende Schaltung wird in den Datenblättern der Modulenhersteller gewöhnlich mit diesen Schaltzeichen dargestellt

dicap ausgesetzt wird. Soweit das Modul weiterhin während der Sommerhitze von der Sonne voll bestrahlt wird, führt dies zu weiterem Aufwärmen der Zelle usw.

Wenn sich die Zellen-Vergussmasse einmal verfärbt bzw. sie auch noch durch zusätzliche Blasen lichtundurchlässiger wird, handelt es sich um einen irreparablen Schaden am ganzen Modul, denn die betroffene Solarzelle wird nie mehr ihren ursprünglichen vollen Nennstrom liefern können. Laut des bereits angesprochenen Prinzips des schwächsten Gliedes einer Kette wird dann diese invalide Solarzelle die Obergrenze des Modulen-Nennstroms bestimmen. Dass durch dieses Manko gleichzeitig auch die Spannung der „verdunkelten" Zelle unter den ursprünglichen Nennwert sinkt, wäre dabei an sich nicht so kritisch, denn das alleine hätte nur einen geringfügigen Einfluss auf die „Ausgangsspannung" des Moduls.

Von der Anzahl der Bypassdioden hängt ab, welche Funktion sie erfüllen. Wenn ein Solarmodul nur eines der Glieder einer längeren *selbstständigen Modulen-Kette* nach *Abb. 4.21* darstellt, kann auch bei Beschattung eines der Module noch die Leistung und Spannung der restlichen Module für das Vorhaben brauchbar sein. Eine solarbetriebene Pumpe würde in dem Fall (etwas schwächer) weiterpumpen, ein optimal dimensionierter Wechselrichter wird dann die ihm zugeführte verringerte Leistung noch in Netzspannung umwandeln können, wenn an seinem Eingang <u>nur diese einzige Modulen-Kette</u> angeschlossen ist usw.

Wenn jedoch mehrere Modulen-Ketten – wie in *Abb. 4.22* – an einem gemeinsamen Wechselrichter parallel betrieben werden, kann eine einzige beschattete Solarzelle ihre ganze Modulen-Kette „verstopfen" und außer Betrieb setzen. So fungieren beispielsweise bei ei-

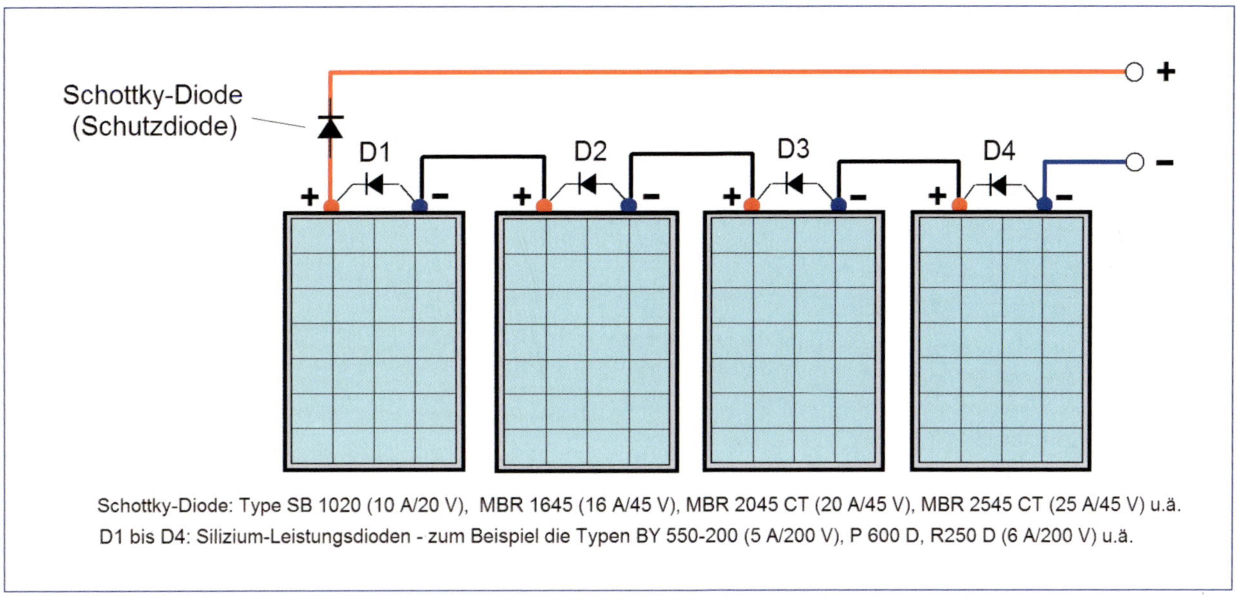

Abb. 4.21 – Eine Modulen-Kette mit Bypass-Dioden und mit einer Ausgangs-Schutzdiode (Schottky-Diode)

4.6 Beschattungs-Unempfindlichkeit

ner Modulen-Konfiguration nach *Abb. 4.22* die Bypass-Dioden **D5** und **D9** der beschatteten Module nur als ein Schutz des Moduls vor eventueller Vernichtung – aber nur um den Preis, dass sie notfalls das ganze Modul quasi kurzschließen und somit außer Betrieb setzen.

Als Notfall wirkt sich eine Beschattung aus, die stark genug ist, um zumindest eine der Modulenzellen elektrisch zu sperren und somit die ganze Zellenreihe außer Betrieb zu setzen. In dem Beispiel nach *Abb. 4.22* hat so eine Modulen-Beschattung der Ketten **B** und **C** zufolge, dass die Ausgangsspannung dieser beiden Ketten unter optimalen Bedingungen nicht mehr die ursprünglichen 70 V, sondern jeweils nur 52,5 V beträgt. Auch wenn die Sonne etwas schwächer scheint, bleibt hier die Ausgangsspannung dieser zwei Modulen-Ketten um $^1/_4$ niedriger als die Ausgangsspannung der Modulen-Kette **A,** denn die Modulen-Ketten verhalten sich hier in dieser Hinsicht ähnlich wie z. B. zu Ketten verschaltete Batterien (wird eine von vier Batterien einer Kette kurzgeschlossen oder mit einer Diode über-

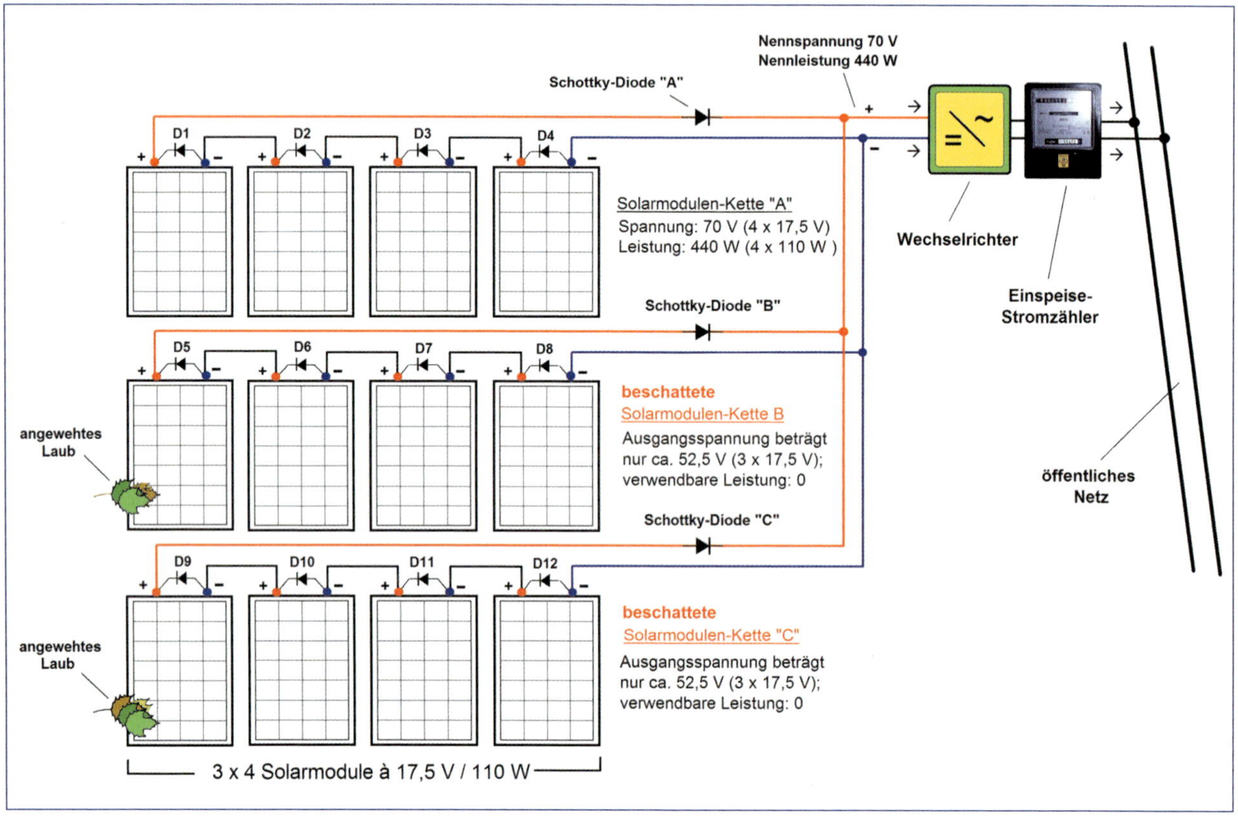

Abb. 4.22 – Wenn mehrere Modulenketten parallel betrieben werden, kann jeweils eine einzige beschattete Solarzelle ihre ganze Modulen-Kette außer Betrieb setzen

brückt, bleiben nur die restlichen drei Batterien als „Spannungsquellen“ übrig).

Sobald die Ausgangsspannung der Modulen-Kette **B** und **C** in dem Beispiel nach *Abb. 4.22* während einer Beschattung um 1/4 sinkt, sind diese zwei Ketten als Spannungsquellen unter Umständen aus dem Rennen, da ihre Spannung durch die Schottky-Dioden „**B**“ und „**C**“ nicht durchgelassen wird. Dies aus dem Grund, dass an den Kathoden dieser Dioden (an ihren rechten Seiten) die Spannung, die von den Modulen-Ketten **A** geliefert wird, höher ist als die Spannung an ihren Anoden (an ihren linken Seiten). Somit sind die Modulen-Kette **B** und **C** gesperrt und können in dieser Situation zu der fotovoltaischen Gesamtleistung keinen Beitrag leisten. Dies gilt natürlich nur so lange die Beschattung andauert.

Ganz automatisch dürfte sich nun die Frage stellen, ob man durch Weglassen der in *Abb. 4.22* eingezeichneten Schottky-Dioden „**B**“ und „**C**“ (bzw. auch der Schottky-Diode „**A**“) die zwar niedrigere, aber dennoch vorhandene Leistung der Modulen-Ketten **B** und **C** nicht trotzdem nützen könnte. Das geht! Allerdings mit Hilfe eines anderen System-Konzeptes nach *Abb. 4.23,* bei dem jede der Modulen-Ketten einen eigenen kleinen Wechselrichter (einen sogenannten *String-Wechselrichter)* erhält. Bei dieser Lösung erübrigen

Bemerkung

Bei Solarmodulen, in denen herstellerseitig zwei oder mehr Solarzellen-Reihen untergebracht sind, würde das Anbringen einer zusätzlichen Bypass-Diode an die Modulen-Ausgangsklemmen theoretisch keinen ausreichenden Schutz gegen eventuelle Vernichtung des Moduls durch Beschattung bieten. Da aber in der Praxis in solchen (großen und teuren) Modulen ohnehin bereits Bypass-Dioden vorhanden sind, dürften sich jegliche Überlegungen in diese Richtung erübrigen.

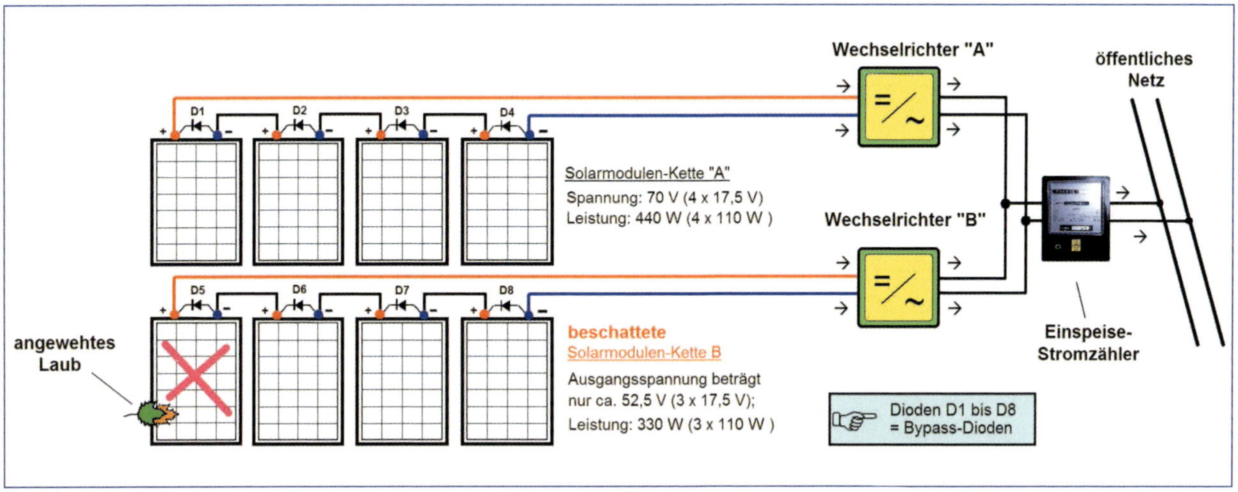

Abb. 4.23 – Wenn jede Modulen-Kette einen eigenen Wechselrichter erhält, erübrigen sich zum einen die Schutzdioden und zum anderen kann der Wechselrichter „B“ die Restleistung einer teilbeschatteten Modulen-Kette auch bei einer proportional niedrigeren Ausgangsspannung noch verarbeiten und ins öffentliche Netz einspeisen

sich die zusätzlichen Schottky-Dioden, da sie als Schutzdioden nicht mehr erforderlich sind. Genau genommen sind sie unerwünscht, da an ihnen überflüssige Leistungsverluste entstehen würden. Bei dieser Lösung wird auch eine durch Beschattung verminderte Leistung der Modulen-Kette vom Wechselrichter „verarbeitet" und ins öffentliche Netz eingespeist, solange die Solarspannung nicht unter das vom Wechselrichter-Hersteller angegebene Minimum sinkt (siehe auch hierzu Kapitel 4.8 und 6).

Es wäre noch darauf hinzuweisen, dass eine Zellenbeschattung für die Solarzelle – und somit für das ganze Modul – jedoch nur dann „lebensgefährlich" ist, wenn sie während einer Zeitspanne stattfindet, in der die Sonnenintensität die theoretischen Höchstwerte erreichen kann. Wird eine Solarzelle bzw. ein Teil der Solarzellenfläche z. B. nur am frühen Morgen oder am späten Nachmittag vorübergehend beschattet, besteht kaum eine Gefahr, dass es zu einer Beschädigung durch eine Kombination von thermischer und elektrischer Überhitzung kommt.

Bei Dachmodulen ist zwar das Risiko einer eventuellen Beschattung relativ gering, aber falls der Hersteller in die Module keine Bypass-Dioden (D1 bis D8) integriert hat, sollten diese vor der Installation der Module eigenhändig nach *Abb. 4.23* angebracht werden (oft steht dazu bei den Anschlussklemmen Platz zur Verfügung). Aus den technischen Daten oder aus einer Hersteller-Skizze des „Innenlebens" des Moduls ist ersichtlich, ob bereits Bypass-Dioden integriert sind.

Als B*ypass-Dioden* eignen sich beim Selbstbau alle gängigen Silizium-Gleichrichterdioden, die für einen Strom dimensioniert sind, der mindestens um ca. 50 bis 100 % höher ist als der vom Hersteller angegebene Modulen Nennstrom.

Fazit

Bypass-Dioden schützen in jedem Fall die beschatteten Zellen vor Vernichtung, tragen aber nur unter besonderen Gegebenheiten dazu bei, dass eine teilbeschattete Modulen-Kette noch eine brauchbare elektrische Leistung aufbringt. Dennoch können auch dann die Bypass-Dioden bis zu einem gewissen Brechpunkt die Nutzung des Moduls aufrecht erhalten. Dieser Brechpunkt wird sowohl durch die Ansprüche des angeschlossenen Wechselrichters als auch durch die jeweilige Intensität der Sonnenbestrahlung bestimmt.

Zu beachten

Im Zusammenhang mit den zusätzlichen Dioden im Solarmodul bzw. in Fotovoltaik-Schaltungen ist auf den funktionellen und technologischen Unterschied zwischen den **Bypass-Dioden** und den **Schottky-Dioden (Schutzdioden)** zu achten – siehe hierzu Kapitel 4.8.

4.7 So können Sie Solarmodule testen

Bei neuen Markenmodulen bzw. bei Modulen mit ausreichenden technischen Daten ist Messen und Prüfen vor allem dann fällig, wenn mehrere Modulen-Sektionen miteinander verbunden werden sollen, wie es bei größeren fotovoltaischen Dachanlagen üblich ist und wie z. B. in *Abb. 4.22* dargestellt wird. Um unnötige Leistungsverluste durch abweichende Parameter zu vermeiden, sollten die *tatsächlichen* Spannungs- und Stromwerte aller Module – bzw. aller Modulen-Sektionen – möglichst identisch sein.

Am genauesten lassen sich derartige Messungen mit Hilfe von Kunstlicht vornehmen. Das Modul kann z. B. auf eine Tischplatte unter

Beispiel

Es sollen Solarmodule gemessen werden, deren Nennspannung 17 Volt und Nennstrom 7 Ampere betragen. 17 Volt : 7 Ampere = 2,43 Ohm (Ω)

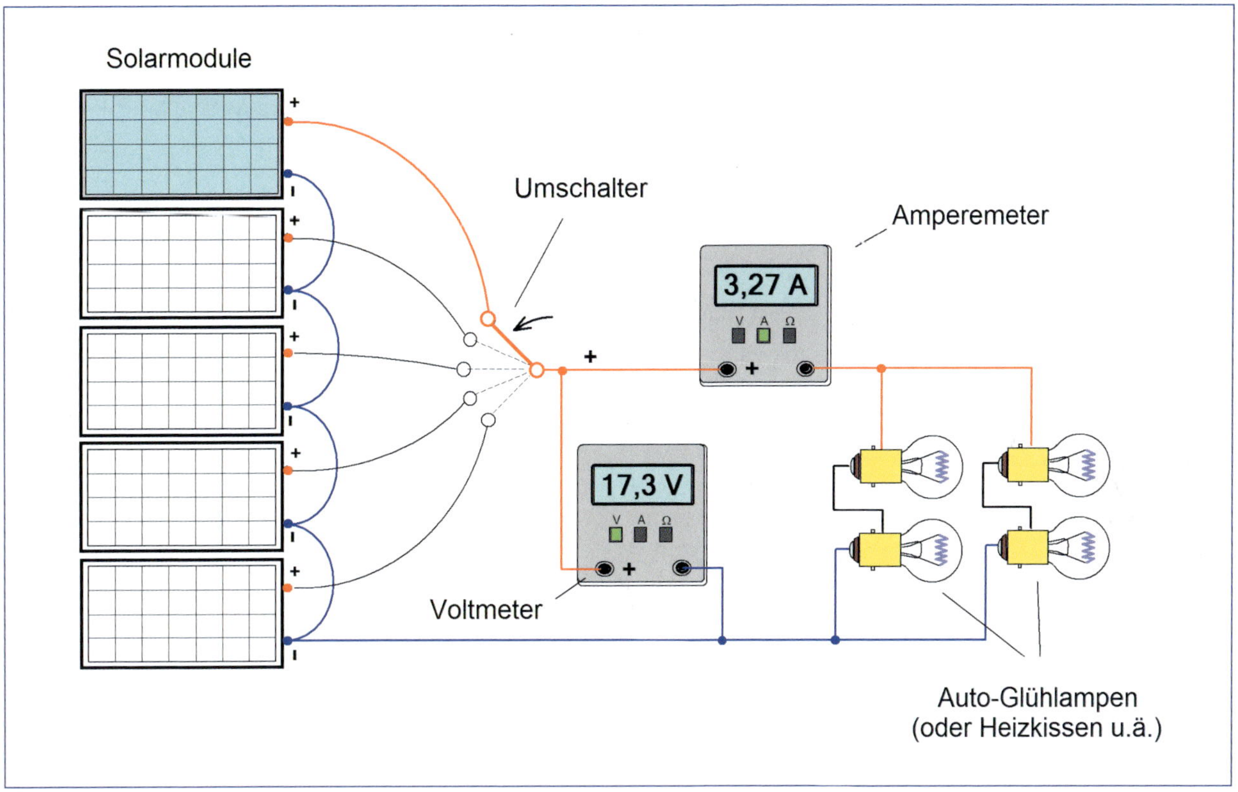

Abb. 4.24 – So können Solarmodule bei einem klaren Himmel an einem unbeschatteten Grundstück einzeln gemessen werden, wobei als Lastwiderstände z. B. vier seriell-parallel verschaltete 12 Volt / 30 bis 40 Watt-Autolampen verwendet werden können (sie sollten das jeweils gemessene Modul zu etwa 50 % bis 90 % seiner Nennleistung belasten)

4.7 So können Sie Solarmodule testen

einige leuchtende Glühbirnen gelegt und gemessen werden. An einem sonnigen Tag kann jedoch eine solche Messung auch auf dem Boden im Garten vorgenommen werden. Wenn dabei die einzelnen Module ausreichend flink nacheinander gemessen werden, kommt es kaum zu Messfehlern, die ins Gewicht fallen.

Anstelle des in *Abb. 4.24* eingezeichneten mehrstufigen Umschalters genügt in der Praxis nur das manuelle Anlegen des Plus-Pols der Messleitung an die einzelnen Modulen „Plus-Anschlüsse". Das geht erprobt ziemlich leicht, wenn sich dabei eine Person quasi als „Umschalter" betätigt und eine andere die jeweils ermittelten Werte laufend notiert. Wenn so eine „Messrunde" zweimal nacheinander (bei relativ konstanter Sonnenbestrahlung) wiederholt wird, ist ein solcher Test ausreichend genau. Bei der Messung von Modulen, deren Nennstrom ca. 6 Ampere überschreitet, ist auf die Gefahr von Verletzung durch Funkenentwicklung zu achten (Schutzbrille und Schutzhandschuhe verwenden!).

Ein gewisses Problem stellt hier die Beschaffung einer ausreichenden Belastung dar. Unbelastete Module zu messen, hat keinen Zweck, denn die Modulen-Leerspannung stellt nur einen „Scheinwert" dar, mit dem sich nichts anfangen lässt. Das Messen der Modulenspannung ergibt nur dann ein „technisch brauchbares" Bild, wenn es an einem annähernd voll belasteten Modul vorgenommen wird.

Die optimale Last kann man einfach nach dem Ohmschen Gesetz ausrechnen: Modulen-Nennspannung geteilt durch den Modulen Nennstrom ergibt die Ohmsche Modulen-Last (als maximale Belastung).

Hätten wir nun einen ausreichend leistungsstarken Widerstand von ca. 2,5 bis 3 Ohm, könnte dieser als eine provisorische Last für das Messen der Module angewendet werden. Der Widerstand müsste jedoch die Modulenleistung (von 17 V x 7 A = 119 W) verkraften können. Ein normaler Mensch verfügt natürlich über keine derartigen Leistungs-Widerstände, wohl aber über diverse elektrische Verbraucher, die zu diesem Zweck geeignet sind. Darunter fallen vor allem diverse Kocher, Heizer oder Föhne, die für Spannungen von 12 und 24 Volt (als KFZ-Zubehör) – oder für die 230 V~ Netzspannung – ausgelegt sind. Alternativ können auch nur Auto-Glühbirnen zu einer Ohmschen Last – wie z. B. in *Abb. 4.24* eingezeichnet ist – so zusammengestellt werden, dass sie das gemessene Modul ausreichend belasten.

Der theoretische Ohmsche Widerstand einer 12 V/60 W-Auto-Glühlampe beträgt bei voller Spannung etwa 2,4 Ohm. Eine solche 12 Volt-Glühlampe verkraftet jedoch höchstens eine Versorgungsspannung von ca. 14 Volt. Wenn die Nennspannung des gemessenen Moduls bei 17 Volt liegt, können beispielsweise zwei solcher Glühlampen in Serie geschaltet werden. Dadurch entfallen ca. 8,5 Volt als Versorgungsspannung pro Glühlampe. Unter diesen Umständen wird die Glühlampe jedoch nicht optimal leuchten (ihr Glühfaden wird nicht optimal glühen).

Der Ohmsche Widerstand eines Glühlampen-Wolfram-Fadens ist bekannterweise sehr temperaturabhängig. Im kalten Zustand liegt sein Ohmscher Widerstand meist bei ca. 10 % des Höchstwertes, den er bei voller Aufheizung (als glühender Faden) aufweist. Der Ohmsche Widerstand des Glühfadens einer 12 V/60 W-Glühlampe beträgt somit *im kalten Zustand* etwa 24 Ohm.

Diese Temperaturabhängigkeit des Glühbirnen-Fadens wirkt sich auch auf die Abhängigkeit des Ohmschen Widerstands einer Glühlampe von der jeweiligen Versorgungsspannung aus. Erhält eine 12 V/60 W-Glühlampe bei einer seriell-parallelen Verschaltung nach

Abb. 4.24 nur eine Versorgungsspannung von z. B. 8,5 bis 9 Volt, wird ihr Ohmscher Widerstand nicht bis auf die errechneten 2,4 Ohm, sondern bestenfalls nur etwa auf 4 Ohm sinken.

Diese 4 Ohm stellen nur einen informativen und typenabhängigen Richtwert dar, aber wenn vier baugleiche Glühlampen nach *Abb. 4.24* seriell-parallel verbunden werden, beträgt der Endwiderstand dieses „Quartetts" ebenfalls 4 Ohm. Wird diese Ohmsche Last z. B. an eine 17 Volt-Spannung (Solarspannung) angeschlossen, fließt durch sie ein Strom von 4,25 A (17 V : 4 Ω = 4,25 A). Daraus ergibt sich ein Leistungsbezug von 72,25 Watt (17 V x 4,25 A = 72,25 W).

Eine solche Belastung würde sich gut für Messungen eignen, die an Solarmodulen mit Leistungen zwischen ca. 85 und 120 Watt vorgenommen werden. Für Messungen an Modulen mit kleineren bzw. größeren Leistungen können Autolampen nach *Abb. 4.25* kombiniert werden.

Wenn jeweils zwei oder mehrere Modulen-Ketten (am Dach) parallel verschaltet und an einen gemeinsamen Wechselrichter angeschlossen werden sollen, ist es erstrebenswert, dass jede der Ketten so zusammengestellt wird, dass sie eine möglichst identische Ausgangsspannung aufweist. Dadurch wird erzielt, dass alle solche Ketten ausgewogen ausgelastet sind. Ist dies nicht der Fall, hat es zufolge, dass sich bei kräftigem Sonnenschein eines der Solarzellenmodule bzw. eine der Ketten zu sehr aufheizt und andere Ketten (mit niedrigerer Ausgangspannung) werden dabei unausgewogen belastet. Im Prinzip handelt es sich um dasselbe Phänomen, dass sich bei teilbeschatteten Modulen manifestiert.

Die maximale Abweichung der ermittelten Spannungs- oder Stromwerte sollte daher möglichst tief unterhalb von 5 % liegen. Hier darf man sich *nicht* nur darauf verlassen, dass viele Modulenhersteller ohnehin nur eine maximale Abweichung von 5 % bis 10 % bei den tabellarischen Daten versprechen. Auch wenn dies korrekt eingehal-

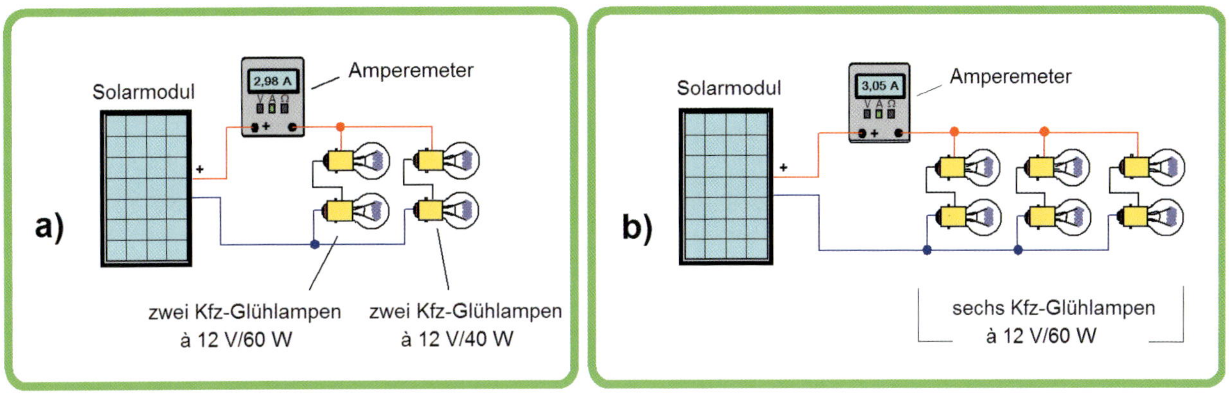

Abb. 4.25 – Schaltungsbeispiele von Autolampen, die als provisorische Last beim Testen von Solarmodulen angewendet werden können

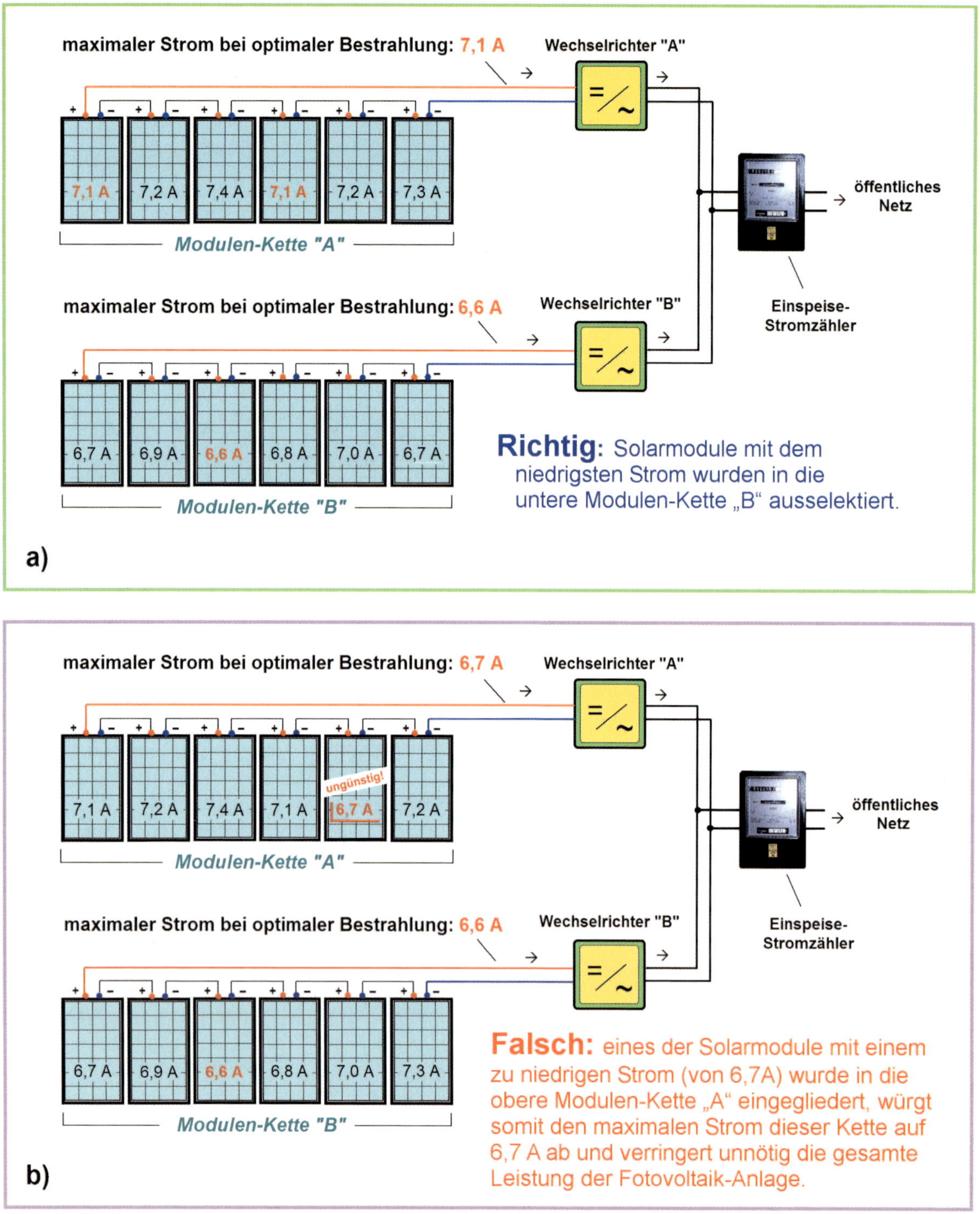

Abb. 4.26 – Wenn jede Modulen-Kette einen eigenen String-Wechselrichter erhält, sollten sie in Gruppen so eingeteilt werden, dass das Prinzip des schwächsten Gliedes einer Kette berücksichtigt wird

ten wird, handelt es sich um Abweichungen in beiden Richtungen von dem Nennwert (zum Plus oder zum Minus). Daraus ergibt sich im ungünstigen Fall ein Toleranzbereich von bis zu 10 % oder sogar bis zu 20 %.

Ist für jede der Modulen-Ketten ein eigener *String-Wechselrichter* vorgesehen, sollte bei der Vorselektion vor allem der Modulen-Strom (unter Belastung, nach *Abb. 4.24*) gut gemessen und z. B. auf Aufklebern an den einzelnen Modulen notiert werden. Die Modulenspannung dürfte dabei nur zur Kontrolle ebenfalls mit den technischen Daten verglichen werden, eventuelle kleinere Nennspannungs-Unterschiede brauchen aber weiterhin bei der Anordnung der Module nicht mehr berücksichtigt zu werden.

Die Solarmodule sollten dann nach *Abb. 4.26a* für die zwei vorgesehenen Ketten einfach nach dem ermittelten Modulen-Strom so vorselektiert werden, dass die Module mit höherem Stromwert die eine Kette, und Module mit niedrigerem Stromwerten die andere Kette bilden. Auf diese Weise wird erzielt, dass die Kette „A" eine höhere Solarleistung liefern kann als die Kette „B".

Wie bereits erläutert wurde, ist bei den eingezeichneten Ketten jeweils das Modul mit dem niedrigsten Strom für den maximalen Ausgangsstrom der ganzen Kette bestimmend. Es spielt dabei keine Rolle, wo das schwächste Modul in der Kette eingegliedert wird. Wichtig ist nur, dass z. B. in der Kette „A" kein einziges zu „schwaches" Modul integriert wird, denn dieses würde den maximalen Ausgangsstrom – und somit auch die maximale elektrische Leistung der Kette – bestimmen. Bei wahlloser (nicht vorselektierter) Anordnung der einzelnen Module in den Modulen-Ketten verringert sich – wie der *Abb. 4.26b* zu entnehmen ist – unnötig die Ausgangsleistung des ganzen „Solargenerators".

Beim Messen der einzelnen Module sollten die evtl. in Modulen vorhandenen Ausgangs-Schutzdioden (Schottky-Dioden) provisorisch kurzgeschlossen oder entfernt und durch Kupferdraht-Brücken ersetzt werden – je nachdem, ob einige davon später jeweils am Anfang der Modulen-Kette, wie z. B. in *Abb. 4.22,* benötigt werden (siehe hierzu Kapitel 4.8)

Unser Tipp

Besprechen Sie mit dem Modulen-Lieferanten noch vor dem Kauf Ihr Rückgaberecht, testen Sie die gelieferten Module rechtzeitig und tauschen Sie ebenfalls rechtzeitig die Module aus, die beim Messen dadurch „aus der Reihe" gefallen sind, dass sie sich mit den restlichen Modulen nicht optimal kombinieren lassen.

Sie dürfen jedoch auch ohne vorhergehende Absprache alle Solarmodule reklamieren, deren *Nennspannung, Nennstrom* oder *Nennleistung* von den „verbindlichen" Grenzwerten abweichen, die laut Herstellerangaben maximal ± 5 %, bei manchen Marken maximal ± 10 % betragen dürfen (dies sollte aus den technischen Daten der Module deutlich hervorgehen). Achten Sie dabei auf Folgendes: Wenn bei einem gekauften Modul sowohl die Nennspannung als auch der Nennstrom ein Minus von 5% aufweisen – und somit gerade noch „im Limit" liegen – wirkt es sich rechnerisch auf die Nennleistung als ein Minus von „stolzen" 10 % aus – was ein Recht auf Reklamation einräumt.

Was darunter zu verstehen ist, zeigen wir an einem Beispiel: Die Nennwerte eines Solarmoduls betragen laut Datenblatt 100 Watt / 16,9 Volt / 5,9 Ampere. Wenn sowohl die Nennspannung als auch der Nennstrom des Moduls nur 95 % dieser Werte erreicht und somit nur bei 16,05 V und 5,6 A liegt, ergibt sich daraus eine Nennleistung von 16,05 V x 5,6 A = 89,96 Watt. Das ist ein Minus von 10 %.

4.8 Schutzdioden (Schottky-Dioden)

Die Funktion der Schutzdioden (Schottky-Dioden) wurde bereits im Zusammenhang mit einigen vorhergehenden Schaltungen kurz erläutert. Vollständigkeitshalber bliebe noch darauf hinzuweisen, dass auch beim Laden einer Batterie mit Solarstrom *(nach Abb. 4.27 / 4.29)* die Schutzdiode eine wichtige Funktion hat, denn ohne sie würde sich die Batterie über das Solarmodul entladen, wenn die jeweilige Batteriespannung höher ist als die Spannung des Solarmoduls. Da eine Diode den elektrischen Strom nur in eine Richtung durchlässt (und in der Gegenrichtung sperrt), kann der Strom von der Batterie nicht in das Solarmodul zurückfließen, sobald seine Spannung durch zu schwache Bestrahlung sinkt (was bei bewölktem Himmel oder nachts geschieht).

Diese Ausgangs-Schutzdioden befinden sich bei

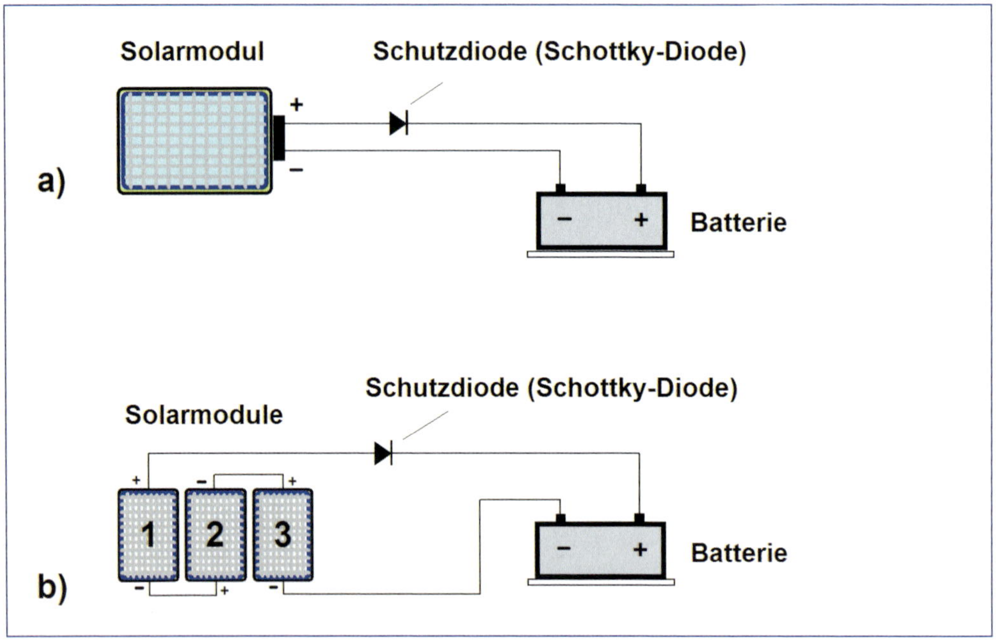

Abb. 4.27 – a) Wird eine Batterie vom Solarmodul direkt geladen, darf eine Schutzdiode zwischen dem Modul und der Batterie nicht fehlen; **b)** wenn mehrere Solarmodule in Serie geschaltet werden, um eine höhere Solarspannung liefern zu können, ist nur eine Schutzdiode (Schottky-Diode) an dem Plus-Ausgang des Moduls „Nr. 1" erforderlich, die zwischen dem Modul und dem Plus-Pol der Batterie eingegliedert wird (bei den restlichen Modulen sind Schutzdioden nicht erforderlich und nicht erwünscht

den meisten Solarmodulen direkt neben den Modulen-Anschlussklemmen nach *Abb. 4.28*.

Erklärungsbedürftig ist, weshalb zu diesem Zweck ausgerechnet Schottky-Dioden und nicht beliebige andere Dioden verwendet werden: Einer der speziellen Vorteile von Schottky-Dioden ist, dass ihre sogenannte *Sperrspannung* (= Spannung, die an ihnen verloren geht) typenbezogen bei nur 0,3 Volt – oder sogar etwas unterhalb von 0,3 Volt – liegt*. Bei normalen Gleichrichterdioden beträgt die Sperrspannung bestenfalls das Doppelte bis Dreifache (liegt bei ca. 0,6 bis 0,9 V – oder sogar noch etwas höher).

Wie *Abb. 4.29* zeigt, entsteht an einer Schottky-Diode ein Spannungsverlust von 0,3 Volt. Das ist zwar ein sehr geringer Spannungsverlust, aber er schluckt dennoch mehr als die Hälfte der Spannung und Leis-

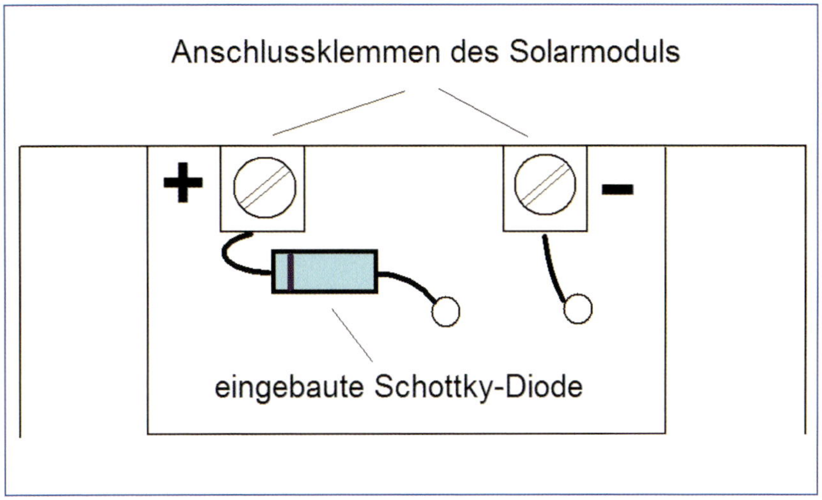

Abb. 4.28 – Anordnungsbeispiel der Ausgangs-Schutzdiode (Schottky-Diode), die in den meisten Solarmodulen herstellerseits bei den Anschlussklemmen eingelötet ist

***Bemerkung**

Nicht alle Schottky-Dioden weisen „automatisch" eine Sperrspannung von nur 0,3 V aus. Bei manchen Typen beträgt die Sperrspannung bis zu 0,6 V – was auch herstellerbezogen bzw. „lieferantenbezogen" variiert.

4.8 Schutzdioden (Schottky-Dioden)

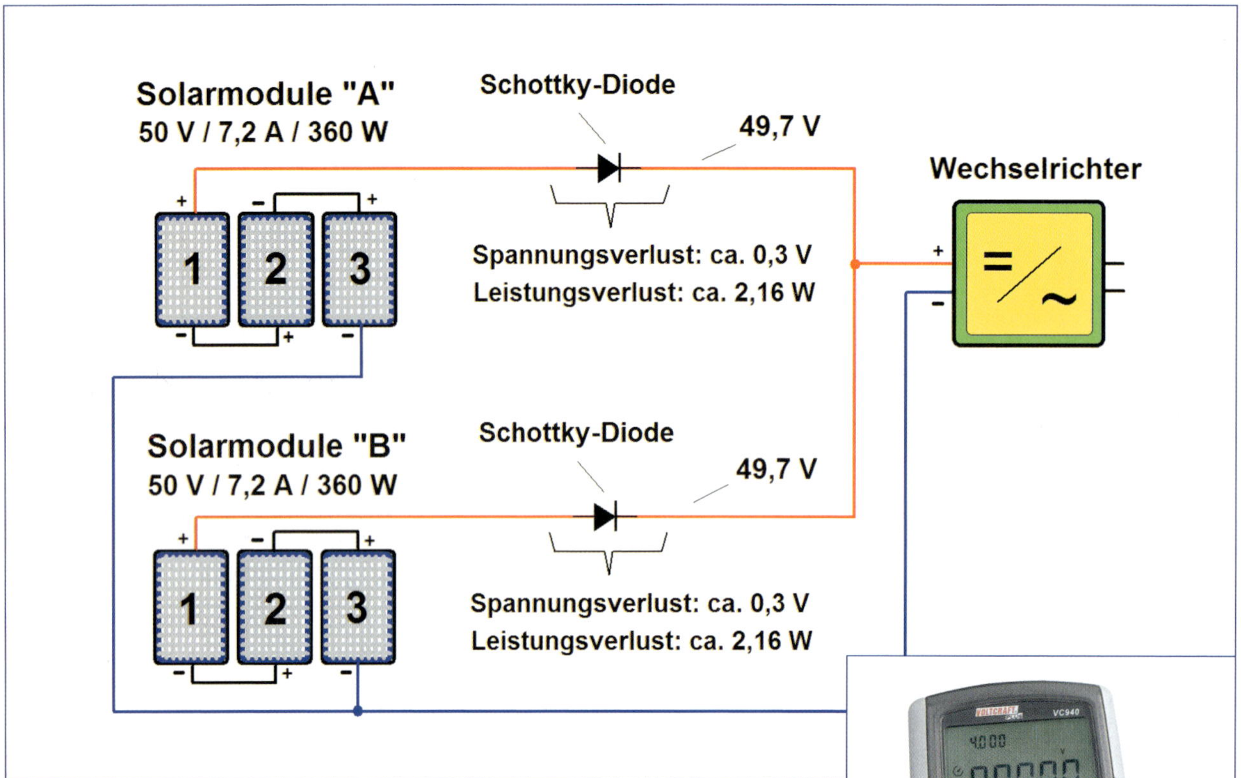

Abb. 4.29 – An der Schottky-Diode entsteht ein Spannungsverlust von etwa 0,3 Volt und ein Leistungsverlust, der sich aus der Formel *„Spannung [in Volt] x Strom [in Ampere] = Leistung [in Watt]“* ergibt

tung einer der Zellen (siehe auch Kapitel 8). Würde anstelle einer Schottky-Diode als Schutzdiode eine „normale“ Gleichrichter-Siliziumdiode verwendet, hätte es eine Erhöhung des Spannungsverlustes – und damit auch des Leistungsverlustes – um ca. das Dreifache zufolge. Das wäre eine verschenkte Leistung.

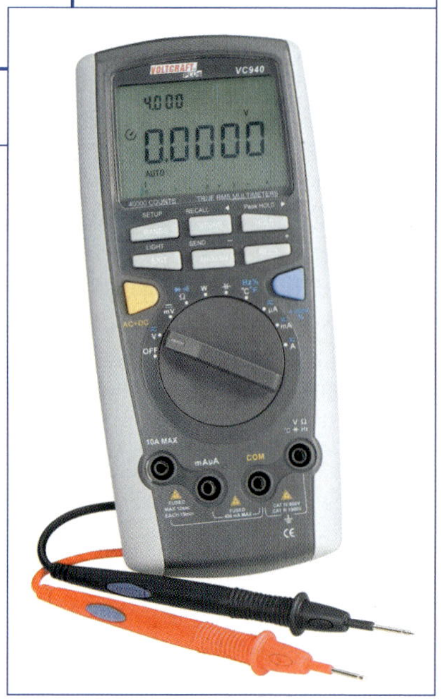

Abb. 4.30 – Für einfachere Kontrollmessungen an Solarmodulen oder Solarzellen, eignen sich auch diverse sehr preiswerte Multimeter. Zu achten ist jedoch bei der Anschaffung darauf, dass das vorgesehene Messgerät auch über einen Strom-Messbereich verfügt, der ausreichend hoch ist, um den Nennstrom der vorhandenen bzw. eingeplanten Solarmodule messen zu können

5 Aufstellung und Montage der Solarzellenmodule

5 Aufstellung und Montage der Solarzellenmodule

Für eine optimale energetische Ausbeute der Solarzellen ist es erforderlich, dass die Solarzellenfläche möglichst genau gegen Süden ausgerichtet ist und dass auch der „Neigungswinkel" (bzw. die Dachneigung) zwischen ca. 25° und 45° liegt. Zwischen dem theoretischen Optimum und einer praktischen Montage gibt es fast immer Unterschiede, die eine Kompromisslösung erfordern.

Es bleibt eine reine Ermessensfrage, wie und wo solarelektrische Module oder solarthermische Kollektoren aufgestellt bzw. angebracht werden und welche Aspekte dabei Priorität verdienen. In den folgenden Kapiteln werden wir verschiedene Möglichkeiten der Installation beschreiben, die sich an praktischen Erfahrungen orientieren.

Abb. 5.1 – Eine Dachfläche, die kompassgenau gegen den Süden ausgerichtet ist und einen Neigungswinkel von etwa 30° bis 40° hat, eignet sich für das Anbringen von Solarmodulen optimal (Foto Siemens)

5.1 Optimale Ausrichtung der Module

Bei fest montierten Solarzellenflächen, die weder über eine Nachführung noch über eine Neigungswinkel-Verstellung verfügen, wird die optimale Positionierung durch zwei Achsen bestimmt. Die eine Achse ist identisch mit der kompassgenauen Ausrichtung zum Süden, die andere Achse bezieht sich auf den optimalen Neigungswinkel.

Eine kompassgenaue Ausrichtung nach Süden dürfte bei den normalen Anwendungen als ein Optimum gelten, von dem nur gezwungenermaßen abgewichen werden sollte. Derartige Abweichungen werden sicherlich bei den meisten der zum Süden gerichteten Hausdächern vorkommen, die kaum kompassgenau in der Nord/Süd-Achse unserer Mutter Erde aufgestellt wurden bzw. werden.

Da in den letzten Jahren Mitteleuropa mit wachsender Vorliebe von gewalttätigen Stürmen heimgesucht wurde, sollte man bei der Planung der Solarflächen sturmgefährdete Konstruktionen lieber vermeiden. Eine Solarfläche, die sich an das Dach anschmiegt, ist verständlicherweise weniger sturmgefährdet als eine Solarfläche, die wie das Segel eines Segelschiffes dem Sturm ausgesetzt ist. Ein Tornado oder eine kräftige Windhose kann allerdings auch das ganze Dach, samt der im Dach perfekt integrierten Solarmodule, wegtragen.

Was den eigentlichen Neigungswinkel der Solarzellenmodule am Dach eines Wohnhauses anbelangt, wird er in der Regel an die bestehende Dachneigung angepasst. Ausnahmen bilden hier nur Häuser bzw. andere Objekte mit Flachdächern. Hier werden Solarzellenmodule oft an zusätzliche Konstruktionen *(Abb. 5.6)* montiert, um einen günstigen Neigungswinkel zu erhalten.

Bei einer vom Hausdach unabhängigen Aufstellung der Solarzellen orientiert sich der Neigungswinkel an den jahreszeitbezogenen Prioritäten. Ist es erforderlich, dass eine „Solarzellenfläche" *bevorzugt* auch während der Wintermonate (nach Möglichkeit) Strom liefert, wäre hypothetisch ein großer Nei-

Abb. 5.2 – Die geometrische Einteilung der Solarmodule am Dach bleibt dem Hausbesitzer überlassen und unterliegt normalerweise keiner behördlichen Anordnung (Foto Siemens)

5.1 Optimale Ausrichtung der Module

Abb. 5.3 – Bei landwirtschaftlichen Objekten werden Solarzellen für Stromerzeugung an Standorten verwendet, die über keinen Netzanschluss verfügen (Foto FÜW)

gungswinkel (von z. B. bis zu 70°) zu empfehlen – vorausgesetzt die baulichen Gegebenheiten erlauben es.

Eine solche Lösung dürfte unter Umständen bei Objekten angestrebt werden, die über keinen Netzanschluss verfügen und die auch während der Wintermonate elektrischen Strom benötigen – wie z. B. Ferienhäuser oder Berghütten. Liegt bei einer *netzunabhängigen* Fotovoltaik-Anlage der Schwerpunkt des Energieverbrauchs bei anderen Jahres-Zeitspannen, sollte der Neigungswinkel die jeweilige Sonnenbahn berücksichtigen.

Bei *netzgekoppelten* fotovoltaischen Anlagen wird dagegen eine maximale Jahresausbeute angestrebt. Die höchsten Energiegewinne sind dabei während der wärmsten Sommermonate erzielbar und daher sollte auch der Neigungswinkel der Solarzellenfläche zwischen ca. 30° und 45° betragen.

In der Praxis wird man oft mit der Frage konfrontiert, inwieweit die vom bestehenden Hausdach „diktierte" Ausrichtung der Solarzellen von dem theoretischen Optimum abweichen darf.

Das hängt maßgeblich von der Art der Entspiegelung der eigentlichen Solarzellen wie auch von der

Abb. 5.4 – Solarthermische Dachmodule (oben Mitte) unterscheiden sich nur wenig von solarelektrischen Modulen und können auf dieselbe Weise auf Dächer montiert werden (Foto Schüco)

5.1 Optimale Ausrichtung der Module

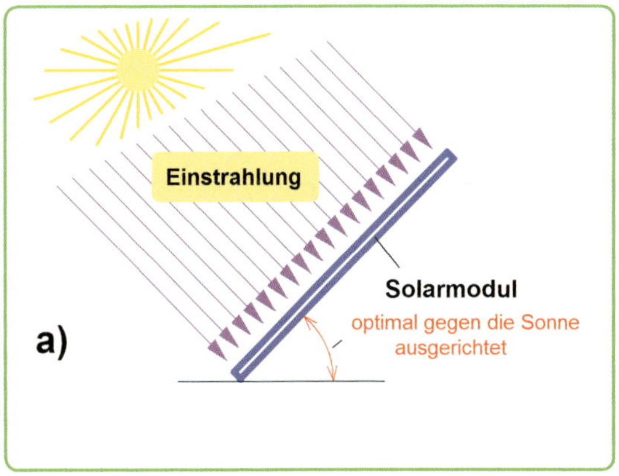

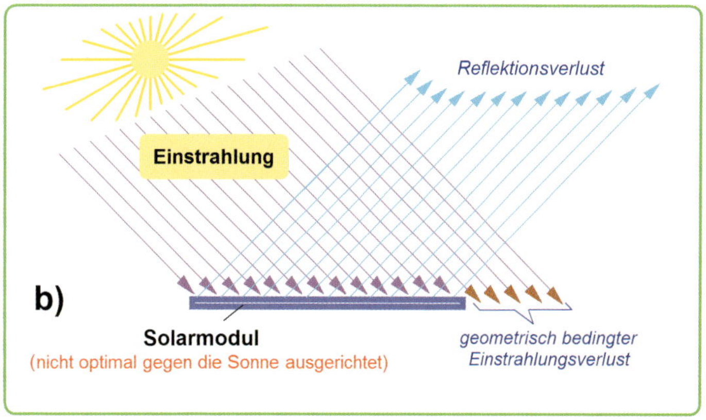

Abb. 5.5 – Je genauer die Solarzellen-Fläche gegen die Sonne ausgerichtet ist, um so geringer ist der Einstrahlungs- und Reflektionsverlust

Abb. 5.6 – Ausführungsbeispiel einer Solaranlage, bei der die Solarmodule an einer speziellen Stahlkonstruktion montiert sind, und die im Sinne einer optimalen ganzjährigen Energieausbeute gegen die sommerliche Laufbahn der Sonne ausgerichtet sind

5.1 Optimale Ausrichtung der Module

evtl. Entspiegelung der Modul-Schutzscheibe ab. In der Praxis darf davon ausgegangen werden, dass eine Abweichung von ca. 10° bis 15° von der kompassgenauen südlichen Position nur einen geringen Einfluss auf die energetische Ausbeute hat. Dasselbe gilt auch für die Abweichung vom optimalen Neigungswinkel.

Bei größeren Unterschieden ist der Leistungsrückgang zwar etwas größer, aber er setzt sich stärker vor allem während der kühleren Jahreszeit durch (da liegt die Bahn der Sonne niedriger). Zudem hängt die Richtungsempfindlichkeit auch von der typenbezogenen Entspiegelung der Solarzellen bzw. Solarmodule ab.

Abb. 5.7 – Kleinere Solarzellen-Flächen können vor der endgültigen Montage aufs Dach auch nur auf ein provisorisches Holz- oder Metallgestell freistehend montiert werden, um den Einfluss von der Ausrichtung (gegen die Sonne bzw. gegen den Süden) und von dem Neigungswinkel auf den Energiegewinn zu testen

Da jedoch während der Wintermonate die energetische Ausbeute ohnehin wesentlich schwächer zu der gesamten Jahresausbeute einer netzgekoppelten Anlage beiträgt, halten sich die Leistungsverluste in Grenzen. Dennoch dürfte eine maximale Abweichung von ca. 15 % von der Nord-/Süd-Achse als ein „gerade noch akzeptables" Maximum für eine fotovoltaische Anlage betrachtet werden. Das ist jedoch eine Frage des individuellen Ermessens.

Genau genommen hängt von der Art der Modulen-Entspiegelung ab, inwieweit noch schräg einfallende Lichtstrahlen aufgefangen und in elektrische Energie umgewandelt werden können. Leider handelt es sich bei der Richtungsempfindlichkeit um eine Eigenschaft, die in den technischen Daten handelsüblicher Module (vorläufig) nicht definiert wird. Anderseits gibt es in dieser Hinsicht ohnehin keine technischen Wunderwerke, die aus dem handelsüblichen „Standard" hervorgehoben werden dürften. Dies auch aus dem Grund, dass eine jede „Modulen-Entspiegelung" physikalisch bedingt auch einen gewissen Rückgang der solarelektrischen Empfindlichkeit bei optimalem Einfall der Fotonen auf die Zellenfläche zufolge hat (siehe hierzu Kapitel 8).

5.2 Integration der Module im Dach

Abb. 5.8 – Für kleinere Modulenflächen findet sich am Dach meist problemlos ein passender Platz

Bei einem Neubau sollte bereits im Planungsstadium eine möglichst elegante Integration der Solarzellenmodule (Solarmodule) am Dach – oder noch besser im Dach – angestrebt werden. Diese Empfehlung schließt bestehende Häuser nicht ganz aus. Hier erschweren aber oft verschiedene Dachfenster, Lüfter, Blitzableiter-Leitungen oder andere Hindernisse eine ästhetische Anordnung der Module.

Die Module werden in den meisten Fällen auf ein Dach nach Abb. 5.8 / 5.9 installiert. Es gibt keine baurechtlichen Bestimmungen, die eine vorgegebene Lösung anordnen würden. Die einzelnen Module werden üblicherweise auf tragende Stahl- oder Aluminium-Rahmen bzw. auf zwei Montageschienen oft einfach überall dort nebeneinander montiert, wo dafür gerade Platz ist.

Einige Modulhersteller empfehlen einen Lüftungs-Zwischenabstand von ca. 50 mm zwischen ein-

Abb. 5.9 – Mit kreativer Phantasie können Solarmodul-Flächen auch um die Dachfenster so harmonisch angeordnet werden, dass sie am Dach nicht wie ausgesprochen architektonische Fremdkörper wirken

5.2 Integration der Module im Dach

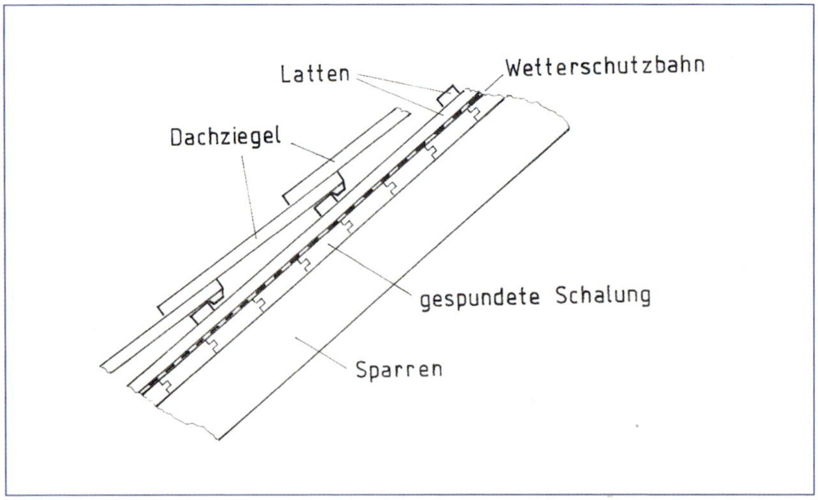

Abb. 5.10 – Hausdach moderner Bauart im Schnitt

zelnen Modulen. Es gibt jedoch auch spezielle Dachmodule, die sich zu einer kompakten Dachabdeckung zusammenschieben oder zusammenschrauben lassen.

Eine derartige Modulfläche ist oft (herstellerbezogen) wasserundurchlässig und kann direkt die Funktion einer wasserundurchlässigen Dachhaut erfüllen. Wie praktisch auch eine derartige Lösung erscheint, die Schwachstelle liegt hier evtl. beim schwierigen Ersetzen eines defekten Moduls. Oft lässt sich nur bei Modulen, die auf einer von hinten zugänglichen Dachkonstruktion montiert sind, die eventuelle Demontage und Montage leicht bewältigen. Dies ist jedoch markenabhängig und verdient bereits im Planungsstadium gehobene Aufmerksamkeit.

Was das eigentliche Anbringen einer normalen tragenden Konstruktion an eine Dachziegelhaut anbelangt, sollte man sich nicht allzu sehr auf die gezeichneten Beispiele diverser Anbieter verlassen.

Viele dieser Zeichnungen haben eines gemeinsam: Die Befestigungs-

Abb. 5.11 – Gehobene Aufmerksamkeit bei den Montagearbeiten verdient eine absolut wasserdichte Befestigung der Tragekonstruktion der Module: der Durchgang durch die Dachziegel muss unbedingt wasserdicht sein, da ansonsten der Wind das Wasser durch die kleinsten Lücken oder Spalten in das Hausinnere hineinweht

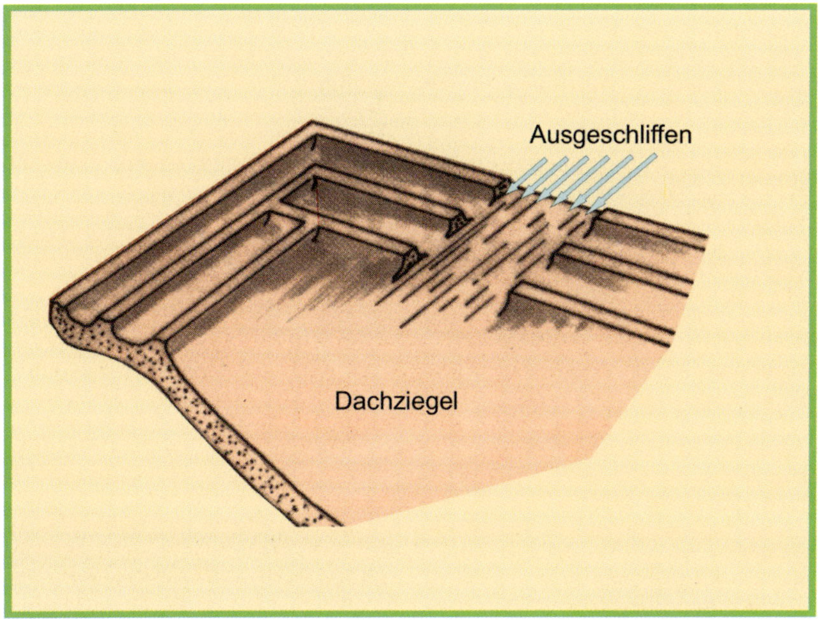

Abb. 5.12 – Mit Hilfe eines kleinen Winkelschleifers können in Dachziegel Schlitze für Montagekonsolen hineingeschliffen werden

stützen (Füße) der Rahmen werden üblicherweise als Bauteile gezeichnet, die sich unter die Dachziegel scheinbar ähnlich einfach einschieben lassen wie ein Brief in den Briefkasten. Hier handelt es sich um eine reine Illusion und wer es am Dach laut einer solchen Anleitung versucht, wird sehr schnell verzweifeln.

Die meisten Dachziegel sitzen derartig verkeilt ineinander, dass ein zusätzliches bloßes Anheben (um Raum für eine Montage-Konsole zu verschaffen) hässliche Lücken in der Dachhaut zufolge hat, wodurch auch Wasser und Pulverschnee leicht unter die Dachziegel eindringen.

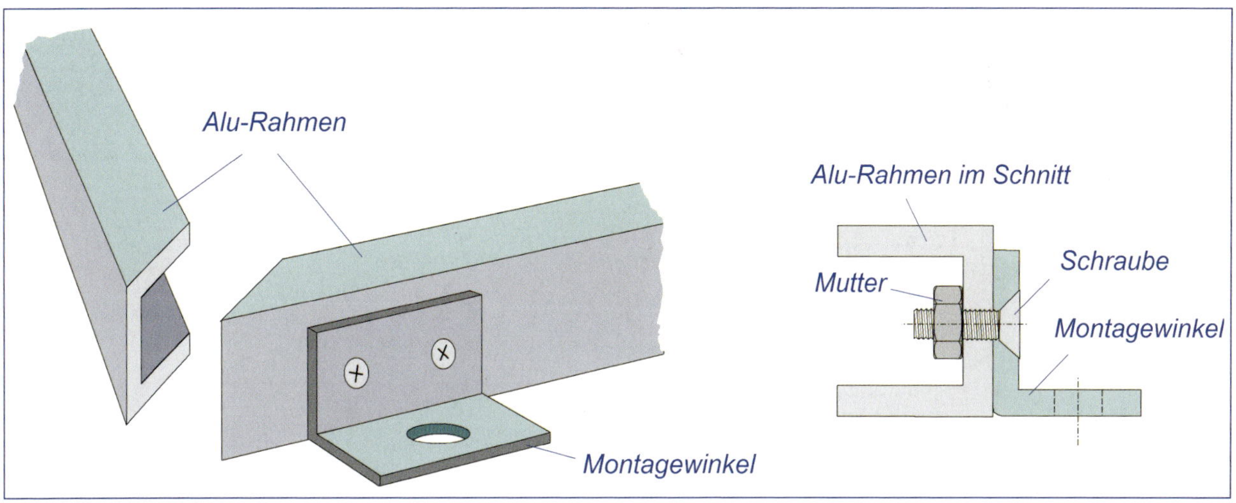

Abb. 5.13 – Ausführungsbeispiel einer Rahmenkonstruktion aus Aluminium-U-Profil

5.2 Integration der Module im Dach

Wer hier die tragenden Stützen einer größeren Rahmenkonstruktion dennoch unter die Dachziegel einschieben möchte, der sollte in die Verbindungs-Verkeilungen der jeweils zwei aufeinanderliegenden Dachziegel maßgerecht Schlitze nach *Abb. 5.12* mit einem Winkelschleifer (Steinscheibe!) ausschleifen. Die Stützen (Montagewinkel) der Rahmenkonstruktion – die z. B. im Selbstbau nach *Abb. 5.13* ausgeführt werden kann – müssen aus flachem Stahl sein, das nicht dicker ist, als der ausgeschliffene Abstand zwischen den zwei Dachziegeln erlaubt (das können herstellerabhängig ca. 5 bis 6 mm sein). Alternativ können passende handelsübliche Dachanker (Abb. 5.19 unten) verwendet werden.

Als eine praktische Alternative zur Anwendung von Laufbrettstützen eignen sich verschiedene Durchgangs-Dachziegel nach *Abb. 5.14*, in die bereits der Dachziegelhersteller ein ordentliches Loch gearbeitet hat und durch die sich dann bevorzugt runde Stahl- oder Aluminiumrohre als Füße des Modulen-Rahmens nach *Abb. 5.13* durchführen lassen. Zu diesen Dachziegeln gibt es im Baustoffhandel als Standardzubehör auch die benötigten Gummi-Abdeckkappen.

Für einen kleineren Modulen Tragerahmen – oder alternativ für zwei Modulen Trageschienen – sind vier solche Antennen-Durchgangsziegel nach *Abb. 5.14* erforderlich, durch die vier Stahlstützen (**S**)

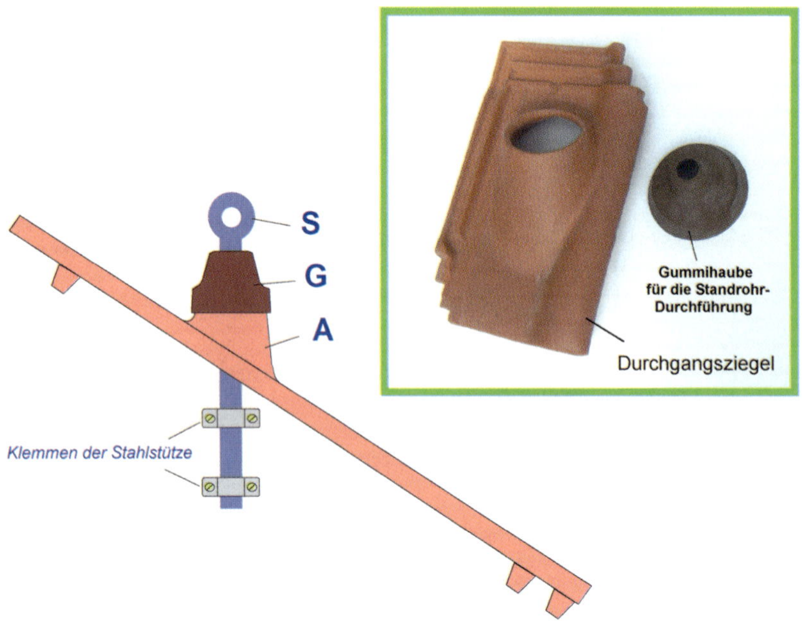

Abb. 5.14 – Ausführungssbeispiel eines Antennen-Durchgangsziegels:
A = Durchgangsziegel, G = Gummi-Abdeckkappe,
S = Stahlstütze des Modulen-Trägerrahmens

Wichtig

Beim Anbringen der Dachmodule ist darauf zu achten, dass die Dachhaut nach der Montage wieder zuverlässig wasser- und pulverschneedicht ist, und dass die Dachziegel ihren ursprünglichen guten Halt nicht einbüßen.

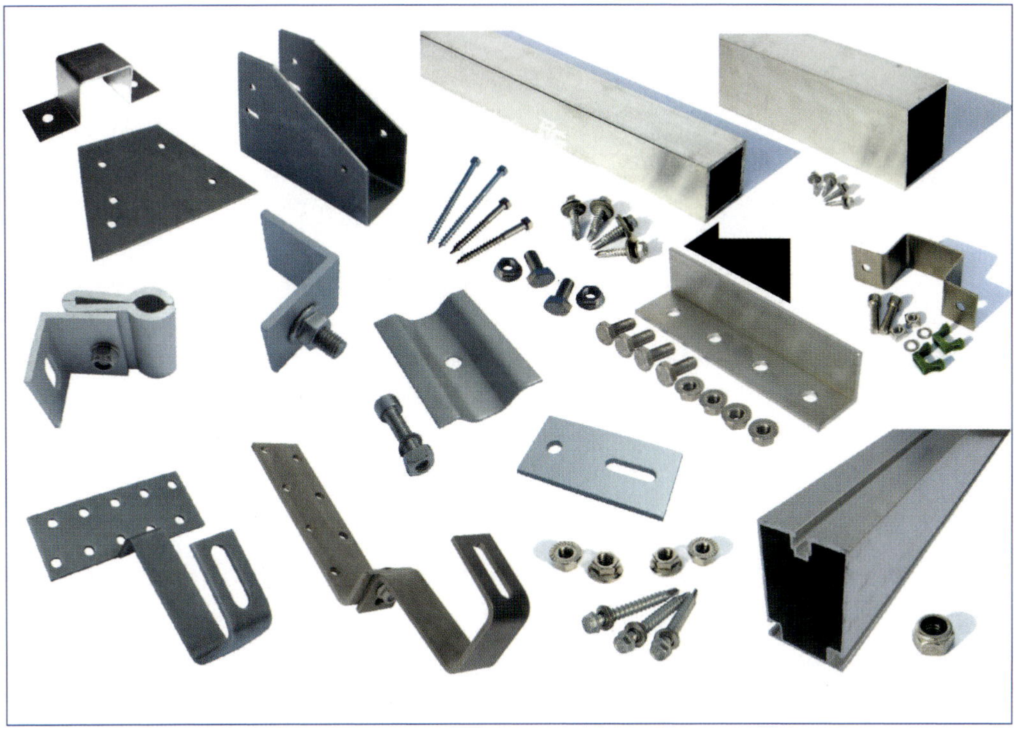

Abb. 5.15 – Klemmen, Schrauben und Profile für die Montage von Solar-Dachmodulen sind in großer Auswahl als Fertigprodukte erhältlich (Foto: Schletter GmbH)

durch die Dachhaut durchgeführt und an die Dachsparren (oder an zusätzlich angebrachte Zwischenbalken) angeschraubt werden.

Bei einem bestehenden Dach kommt es gelegentlich vor, dass ein Lüfter gerade dort steht, wo ein Teil der Solarfläche sein müsste. Bis vor kurzem war dieses Problem sehr hinderlich. In letzter Zeit gibt es jedoch im Baustoffhandel ein neues Sanitär-Lüftersystem, das keine

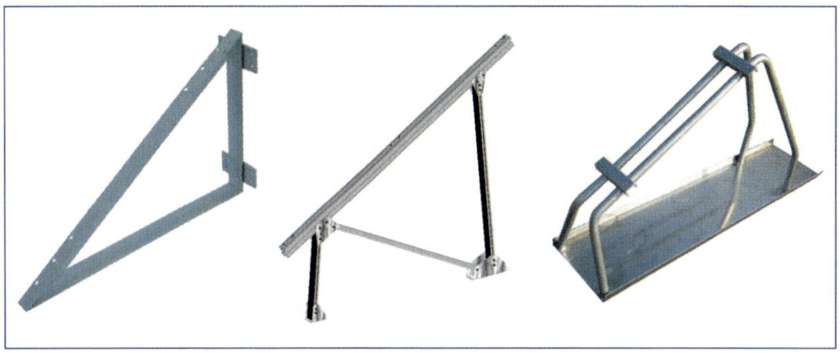

Abb. 5.16 – Ausführungsbeispiele von einigen Modulstützen, die ebenfalls als Standardprofile erhältlich sind (Foto: Schletter GmbH)

5.2 Integration der Module im Dach

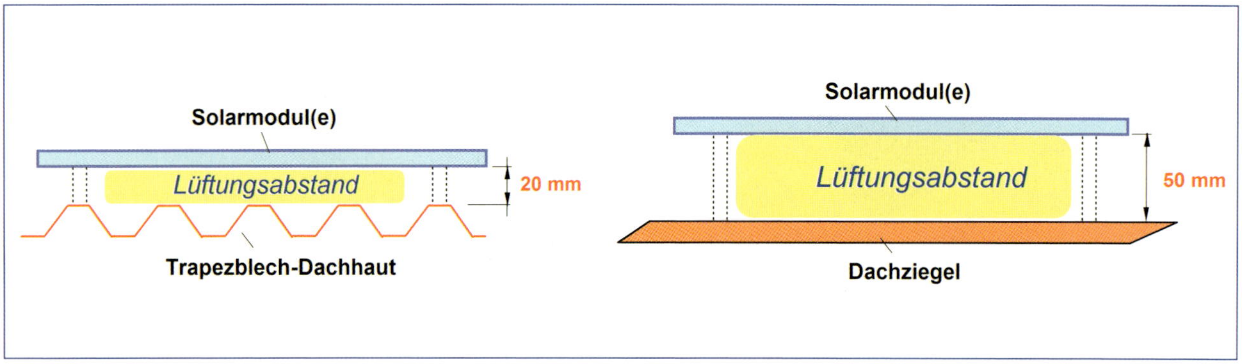

Abb. 5.17 – Der von Solarmodulen-Herstellern empfohlene Modulen-Lüftungsabstand sollte nach Möglichkeit bei Trapez-Blechdächern mindesten 20 mm, bei ganz flachen Dächern mindesten 50 mm betragen

Abb. 5.18 – Für die Solarmodul-Dachmontage bietet *Schüco* einfache Montagesysteme an

herkömmlichen Dunstrohre benötigt, die als kleine Schornsteine durch die Dachhaut nach oben herausgeführt werden. Bei diesem neuartigen System wird die Lüftung direkt unter einem *Lüftungsfirst* geführt. Dies setzt aber voraus, dass am Dach ein „Lüftungsfirst" vorhanden ist (was z. B. bei einem traditionellen Biberschwanz-First nicht der Fall ist).

Man darf hier nicht unbefangen dem Irrtum unterliegen, dass Wasser am Dach laut physikali-

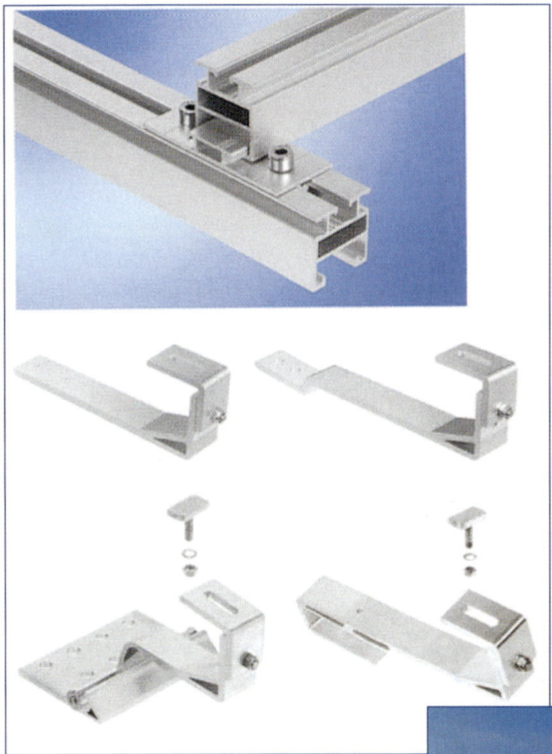

schem Gesetz immer nur brav von oben nach unten fließt. Wenn Regen mit etwas Wind – oder sogar mit einer entsprechenden Portion Sturm – kombiniert wird, widersteht dem Wasser nur ein Haus, dass annähernd so wasserdicht wie eine Taucheruhr ist. Mit Pulverschnee ist es ebenfalls schlimm. Der Wind bläst ihn unter Umständen wie feines Mehl durch die winzigsten Lücken ins Haus hinein.

In den letzten Jahren wurde auch unser Land von Tornados besucht, die kräftig genug sind, um ganze Dächer abzureißen und durch die Luft zu schleudern (und das soll in der Zukunft angeblich noch häufiger vorkommen). Dagegen hilft erfahrungsgemäß keine Vorsorgemaßnahme, denn die Kraft solcher Naturgewalten ist ungeheuerlich und nicht zu beherrschen.

Abb. 5.19 – Detailansicht von *Schüco* Montage-Bausteinen: oben Kreuzverbinder für die Montage von mehreren Solarmodulen an einem gemeinsamen Rahmen; unten Aluminium-Dachanker, die für die Befestigung der tragenden Konstruktion (unter den Dachziegeln) vorgesehen sind

Abb. 5.20 – Gut begehbar und daher „montagefreundlich" sind Dächer mit einer Neigung unterhalb von ca. 35°: Montage der Dachmodule mit Hilfe von Biosol-Haltesystemen (Foto: Biohaus)

5.3 Flachdach-Solaranlagen

Abhängig von den Gegebenheiten können Solarmodule auf ein Flachdach entweder auf eine ähnliche Weise wie in *Abb. 5.21* oder einfach ganz flach nach *Abb. 5.22* montiert werden. Bei letzterer Lösung sollte *(nach Abb. 5.17)* zwischen der Dachhaut und den Modulen ein minimaler Lüftungsabstand von 20 bzw. 50 mm eingehalten werden.

Im Selbstbau werden Solarmodule oft an kleinere Garagen-Flachdächer installiert. Dazu ist eine ausreichend stabile Tragekonstruktion erforderlich, die z. B. nach *Abb. 5.22* etwas gleitend oder federnd nachgiebig sein muss, um die Unterschie-

Abb. 5.21 – Für die Flachdachmontage der Fotovoltaik-Module bietet z. B. *Schüco* eine stabile Profilkonstruktion an, die für einen ertragsoptimierten Neigungswinkel von 30° ausgelegt ist

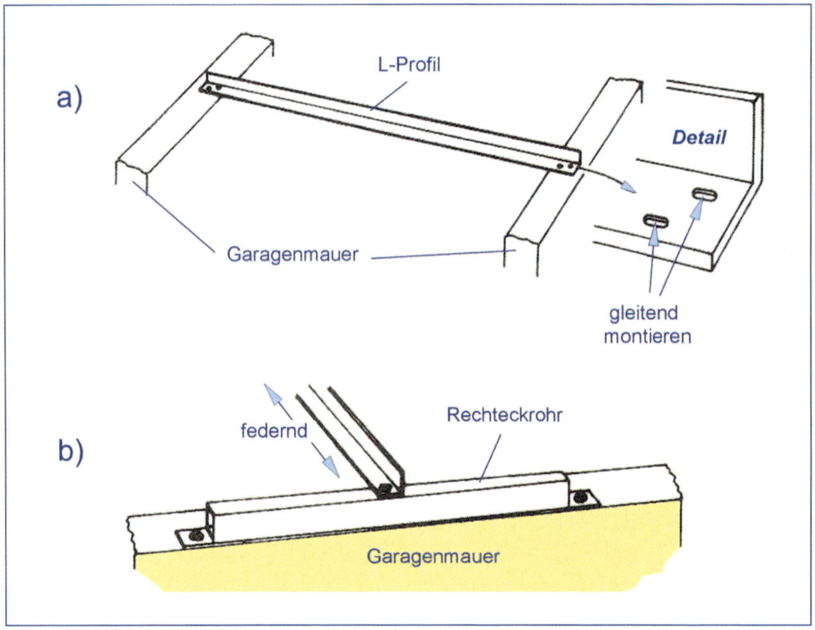

Abb. 5.22 – Ausführungs- und Montagebeispiel einer Selbstbau-Trageschiene, die an einer Garagenmauer gleitend montiert ist: **a)** direkte Montage einer Schiene, die an einem ihrer Enden gleitend, am anderen Ende fest (mittels Dübel) in die Ziegel der Mauer eingeschraubt ist; **b)** zusätzliche Rechteckrohre an den Schienenenden ermöglichen eine stabilere Verbindung der Schiene mit der Mauer (an vier Stellen pro Schiene)

de im Dehnkoeffizienten der Mauer und des Metalls auffangen zu können. Andernfalls würde es vorprogrammiert zu Rissen in den Mauern kommen. Zwei oder auch mehrere solcher Schienen fungieren als Trageschienen der Module bzw. des Modulen-Rahmens.

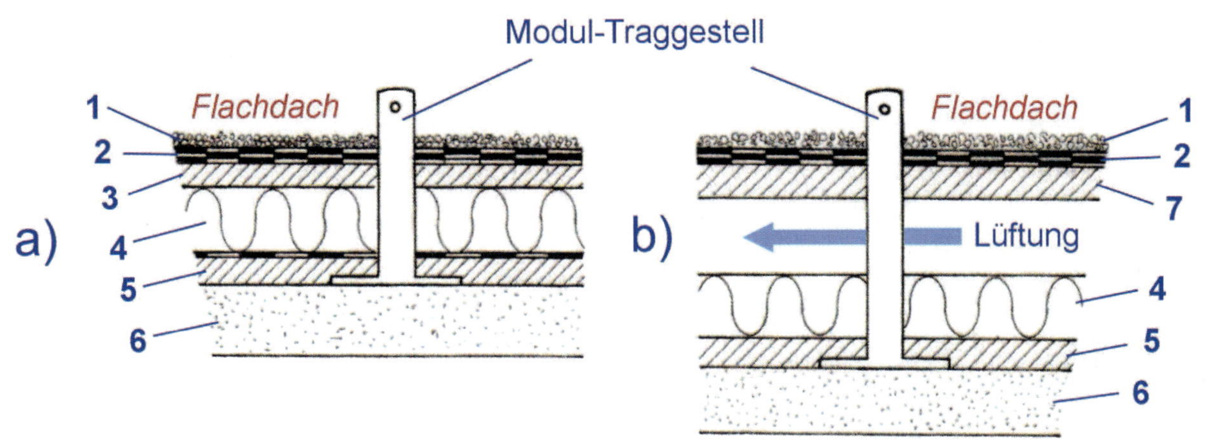

Abb. 5.23 – Abhängig von der Ausführung eines Flachdachs sind unter Umständen ausreichend lange Modul-Traggestelle erforderlich, um die ganze Solarzellen-Einheit auf die Unterkonstruktion aus Beton „sturmfest" befestigen zu können:
a) Ein nicht durchlüftetes zweischaliges Flachdach im Schnitt; **b)** Durchlüftetes zweischaliges Flachdach im Schnitt.
1 – Bekiesung, 2 – Dachabdichtung (drei Schichten Dachpappe), 3 – leichte Dachhautträgerschicht, 4 – Wärmedämmung, 5 – Dampfdruckausgleichsschicht, 6 – Unterkonstruktion (Beton), 7 – Dickere Dachhautträgerschicht

5.4 Module an Fassaden

Ähnlich wie die Dachmodule werden auch Fassadenmodule auf tragende Rahmenkonstruktionen montiert. Eine Hinterlüftung der Module sollte die Hersteller-Empfehlung berücksichtigen. Normalerweise genügt es, wenn zwischen der Modulen-Hinterwand und der Mauer ein Abstand von 3 bis 5 cm eingehalten wird – soweit der Modulenhersteller nicht andere Maße angibt.

Abb. 5.25 – Eine derartige Fassaden-Fotovoltaik-Anlage bietet sich für den Selbstbau als eine sinnvolle Alternative zum Bergsteigen an – aber schwindlig wird es da einem nicht nur von der Höhe des Gebäudes, sondern auch von dem Preis der 80 Solarmodule ... (Foto Siemens)

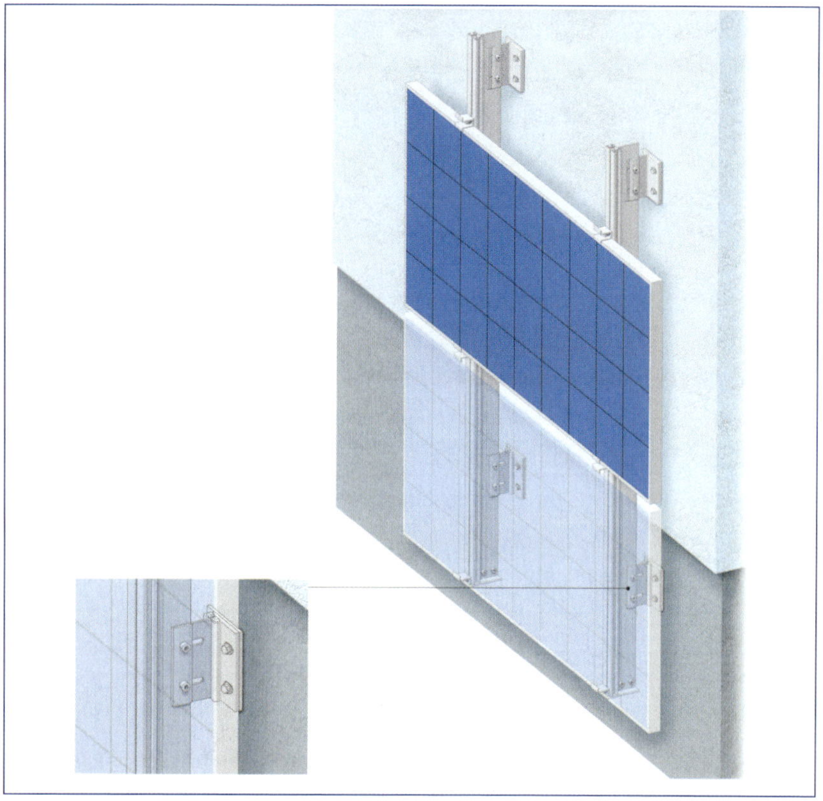

Abb. 5.24 – Auch für die Befestigung der Module an einer Fassade gibt es handelsübliche Montageelemente, die sich an die Mauer leicht anbringen (eindübeln) lassen (Foto Schüco)

Hinzuweisen wäre allerdings darauf, dass bei senkrecht angeordneten Fassaden-Modulen der Neigungswinkel in Hinsicht auf die Jahresausbeute für *netzgekoppelte* Fotovoltaik-Anlagen sehr ungünstig ist, da gerade während der wärmeren Jahreszeit (mit der ergiebigsten Energieausbeute) die Solarfläche zu sehr von der Sonne weggedreht ist. Dieser Nachteil trifft jedoch nicht auf *netzunabhängige* Fotovoltaik-Anlagen zu, bei denen bevorzugt wird, dass sie auch im Winter – wenn die Laufbahn der Sonne tief liegt – Solarstrom liefern.

5.5 Jahreszeitbezogene Verstellung des Neigungswinkels

Die Problematik des optimalen Neigungswinkels der Solarzellen wurde bereits erwähnt.

Der Stellenwert einer jahreszeitbezogenen Veränderung des Modulen-Neigungswinkels ist in unserem Breitengrad in der Praxis etwas fraglich. Bei größeren Modulen bzw. Modulen-Flächen bringt eine solche Verstellung zwar einen merkbaren Leistungsvorteil, aber die Aufgabenbewältigung ist aufwendig und derartig kostspielig, dass sich der dadurch erzielte Leistungsgewinn kaum rechnet. Bei kleineren Modulen ist wiederum der Leistungsvorteil durch Neigungswinkel-Verstellung nur relativ klein und lässt sich oft bequemer (und preiswerter) durch eine Vergrößerung der Solarzellenfläche erreichen.

Für den Selbstbau kann eine einfache Verstellung des Neigungswinkels kleinerer Solarzellenflächen mittels manuell oder elektrisch verstellbaren Stützen in Frage kommen. Es können dabei beliebige mechanische oder elektromechanische Prinzipien angewendet bzw. an den Bedarf angepasst werden, die z. B. auch bei verstellbaren Dachfenstern gängig sind. Für eine elektrische Verstellung des Neigungswinkels eignen sich am besten handels-übliche Dachfenster-Linearmotoren.

Eine jahreszeitbezogene Verstellung des Neigungswinkels kann in beliebig viele Stufen eingeteilt bzw. auch als gleitende Verstellung konzipiert werden.

Wenn der Neigungswinkel stufenweise verstellt werden soll, dürfte das sinnvolle Minimum bei etwa 4 Stufen und ein sinnvolles Maximum bei etwa 12 bis 26 Stufen (monatliche bzw. vierzehntägige Verstellung) liegen.

Solche Speziallösungen haben jedoch ihre sinnvolle Berechtigung nur dann, wenn sie aus Forschungsgründen oder aus Experimentierlust realisiert werden. Eine Rendite durch bessere Energieausbeute, die den Kostenaufwand und die damit verbundenen Probleme rechtfertigen würde, kann bestenfalls nur bei sehr großen Anlagen erwartet werden.

Das größte Problem liegt bei derartig verstellbaren Systemen bei der Stabilität während kräftiger Stürme, die in letzter Zeit in Mitteleuropa häufig vorkommen. Elektrisch einfahrbare Systeme bieten zwar in der Hinsicht eine Abhilfe, die relativ leicht realisierbar ist, aber sie benötigen eine zusätzliche Regelautomatik, die z. B. von einer guten hauseigenen elektronischen Wetterstation automatisch – und vor allem zuverlässig – gesteuert wird. Dies beinhaltet, dass die Wetterstation im Stande sein müsste, ein ankommendes Gewitter rechtzeitig richtig zu erkennen und wahrzunehmen und dabei auch ausreichend „treffsicher" selber entschließen zu können, wann sie die Solarmodule einfahren muss.

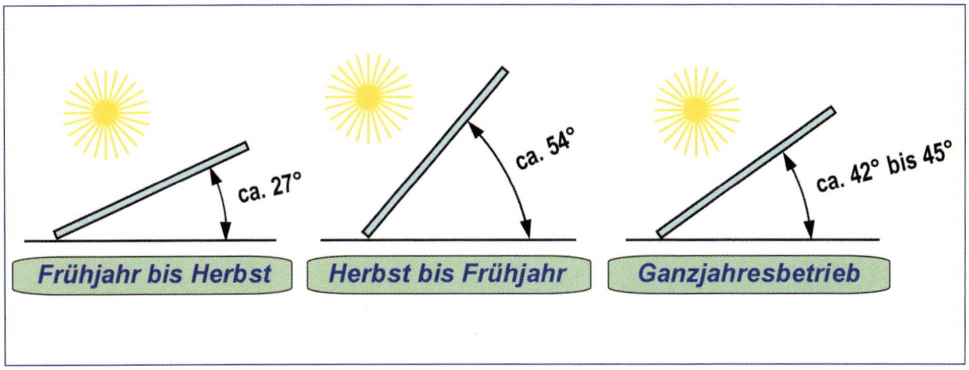

Abb. 5.26 – Optimal jahreszeitbezogener Neigungswinkel der Solarmodule

5.5 Jahreszeitbezogene Verstellung des Neigungswinkels

Abb. 5.27 – Bei dieser Solartankstelle für Elektroautros ist jedes der Solarmodule in seiner länglichen Achse drehend verstellbar, wodurch die Module jahreszeitbezogen nach der jeweiligen Bahn der Sonne ausgerichtet werden können

Eine derartig „denkende" Vorrichtung lässt sich zwar mit etwas Know-how auch mit relativ einfachen Mitteln im Selbstbau erstellen, aber ihre größte Schwachstelle wäre ihr Energieverbrauch. Im Prinzip kann der Energieverbrauch so ungefähr die ganze Energie in Anspruch nehmen, die durch eine solche Automatik aus den Solarzellen *zusätzlich* erworben wird. Bei der Planung einer elektromechanischen Konstruktion zur Verstellung des Neigungswinkels sollte man daher im Auge behalten, dass der Stromverbrauch nicht einen zu großen Teil der erzeugten Solarenergie in Anspruch nimmt. Eine kugelgelagerte Konstruktion mit einem eventuellen Gegengewicht oder mit einer zusätzlichen Gasfeder kann hier den Stromverbrauch enorm reduzieren.

Eine rein mechanische Verstellung des Neigungswinkels ist dennoch „energiesparender". Allerdings nur in Bezug auf die Solarenergie und nicht auf die zusätzliche Energie, die der „Bedienende" selber aufzubringen hat. Dennoch kommt eine solche Lösung bei Modulen oder Solarzellenflächen in Frage, die auf dem Boden stehen bzw. leicht zugänglich sind. Auch bei kleineren und mittelgroßen Flachdachmodulen, die mit der Dachhaut ohnehin keine optisch kompakte Einheit bilden, kann eine mechanische Neigungswinkelverstellung von Vorteil sein. Vorausgesetzt, dass dadurch der gesamte Kostenaufwand nicht höher wird als eine simple Vergrößerung der Solarzellenfläche.

Abb. 5.28 – Bei großen Solar-Parks sind die Neigungswinkel der Solarzellen oft mit Hilfe von speziellen Elektroantrieben vollautomatisch verstellbar (Foto Siemens)

5.6 Vollautomatische Nachführung der Solarflächen

Rein prinzipiell ist die Funktion einer vollautomatischen Nachführung der Solarflächen ziemlich einfach: Die Solarfläche sollte sich *(nach Abb. 5.29)* in einem Halbkreis von Osten nach Westen drehen können und über einen Neigungswinkel-Verstellungsbereich zwischen ca. 10° und 75° verfügen.

Als elektromechanische Einheit bildet das System in *Abb. 5.29* eine Kombination von einer „Drehbühne" und einer der Konstruktionen für die Verstellung des Neigungswinkels.

In den Sommermonaten umschreibt die „Drehbühne" fast einen vollen Halbkreis von 180°. In den Wintermonaten ist die Bahn der Sonne wesentlich kürzer. Die Sonne geht viel südlicher auf und ebenfalls viel südlicher unter. Das ändert zwar an dem eigentlichen elektromechanischen System nichts, aber kompliziert die jahreszeitbezogene Steuerung.

Die ganze Problematik der vollautomatischen Nachführung würde ein separates Buch füllen können. Da es sich jedoch um ein Thema handelt, dass nur selten für die praktischen privaten Einsätze in Frage kommt, beschränken wir uns auf einige informative Auskünfte für technisch begabte Tüftler:

Als erstes verdient eine gewisse Aufmerksamkeit der Drehmechanismus – den wir einfachheitshalber als „Drehbühne" bezeichnen. Dieser Mechanismus dreht die Solarzellenfläche um ihre vertikale Achse.

Als Nächstes folgt nun die Frage, wie sich das alles automatisch steuern ließe. Theoretisch kämen hier bevorzugt zwei Möglichkeiten in Frage: Entweder baut man einen optoelektrischen Sensor ein, der automatisch die Sonne anpeilt und den Motoren entsprechende Steuerimpulse gibt, oder es wird die ganze Aufgabe von einer fest programmierten elektronischen Steue-

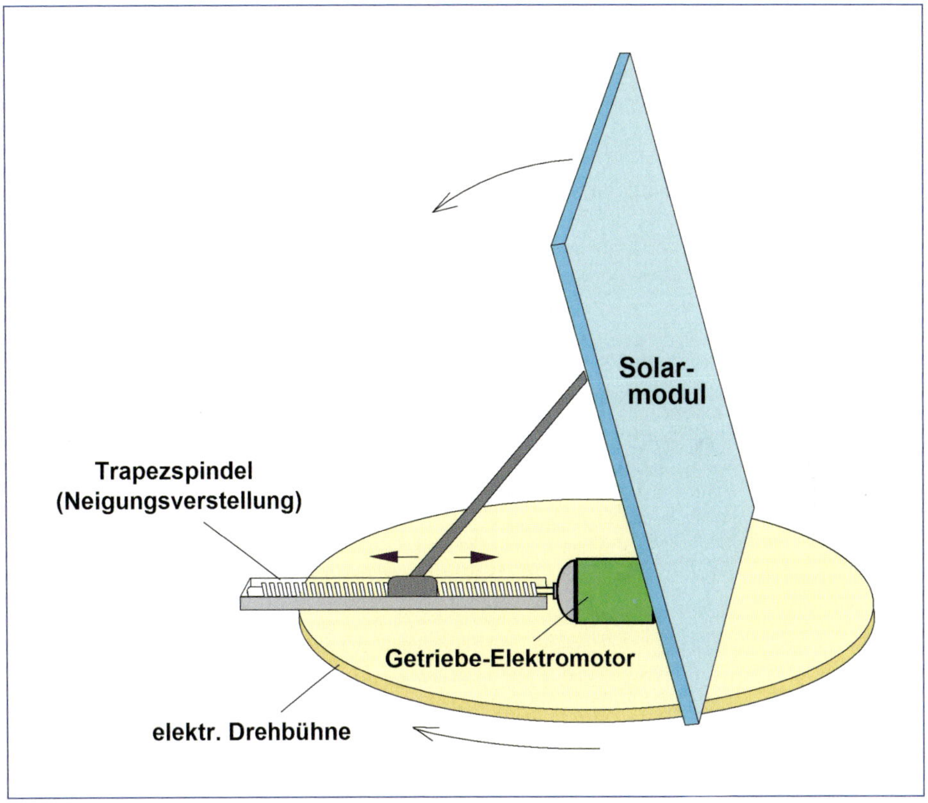

Abb. 5.29 – Konstruktionsprinzip einer elektromechanischen Vorrichtung für die vollautomatische Nachführung einer Solarzellenfläche zur Sonne

5.6 Vollautomatische Nachführung der Solarflächen

Abb. 5.30 – Manuell kann am einfachsten der Solarmodulen-Neigungswinkel verstellt werden, wenn diese am Boden stehen – was in der Landwirtschaft oft so gehandhabt wird (Foto FÜW)

rung bewältigt, die sich rein an der berechenbaren tages- und jahreszeitbezogenen Position der Sonne orientiert (was auch eine handelsübliche Jahres-Zeitschaltuhr bewältigen kann).

Für eine optoelektrisch gesteuerte Nachführung des Moduls nach der Sonne gibt es bereits in der Fachliteratur diverse Vorschläge. Wie eindrucksvoll das Anliegen auf den ersten Blick auch aussehen mag, in der Praxis gibt es bei derartigen Nachführungen zu oft Fehlsteuerungen, wenn der Himmel etwas bedeckt ist. Das System orientiert sich bei bewölktem Himmel oft nur an gelegentlichen hellen Lücken zwischen den Wolken und gibt unter Umständen falsche Steuerbefehle an die Motoren, die dann das Solarmodul – ohne Rücksicht auf die echte Position der Sonne – energieverschwendend laufend hin und her drehen.

Ein zweites Problem, dass sich nur mit einer etwas aufwendigeren Elektronik beheben lässt, besteht darin, dass nach jedem Sonnenuntergang die Solarzellenfläche irgendwann zurück zum Osten gedreht werden muss.

Ein einfaches Softwareprogramm und eine PC-Steuerung mit Hilfe von zwei Schrittmotoren bieten hier eine bessere Lösung, die auch von der Soft- und Hardware her ziemlich einfach und preiswert sein kann. Das Steuerprogramm kann sich dabei datum- und zeitbezogen nur nach der errechneten Bahn der Sonne richten und in kleineren oder größeren Schritten das Modul nachführen. Hier kann z. B. sogar ein alter ausgedienter PC problemlos die ganze Arbeit meistern, denn eine langsamere Taktfrequenz und eine evtl. kleinere Speicherkapazität reichen für diese Aufgabenbewältigung völlig aus. Solche Lösung hat natürlich nur dann wirklich Sinn, wenn man sich die Soft- und Hardware – inklusive der Antriebssysteme – selber machen kann.

Ein experimentierfreundlicher Tüftler wird bei Bedarf sicherlich auch einfachere Kompromisslösungen für elektrische oder sogar nur mechanische Nachführungen der Solarmodule austüfteln können. Schon eine Neigungswinkel-Veränderung in drei Stufen und eine Drehung in 5 Stufen (pro Tag) können die Ausbeute der Solarenergie um bis zu ca. 25 % steigern. Mit Hilfe einer Funkuhr und einigen ICs lässt sich die Aufgabe preiswert lösen – soweit das notwendige Know-how vorhanden ist (eine Bauanleitung würde leider auch hier ein separates Buch benötigen).

Rein rechnerisch wäre der Kostenaufwand für eine zusätzliche Nachführung nur bei einer größeren Solarmodulenfläche vertretbar. Bei kleineren Modulen ist ein Vergrößern der Solarzellenfläche viel preiswerter als die sonst erforderliche aufwendige und wartungsintensive Elektromechanik. Wer jedoch Spaß am Experimentieren hat, kann eine solche Aufgabe als eine interessante Herausforderung in Angriff nehmen.

6 Der Wechselrichter (Inverter)

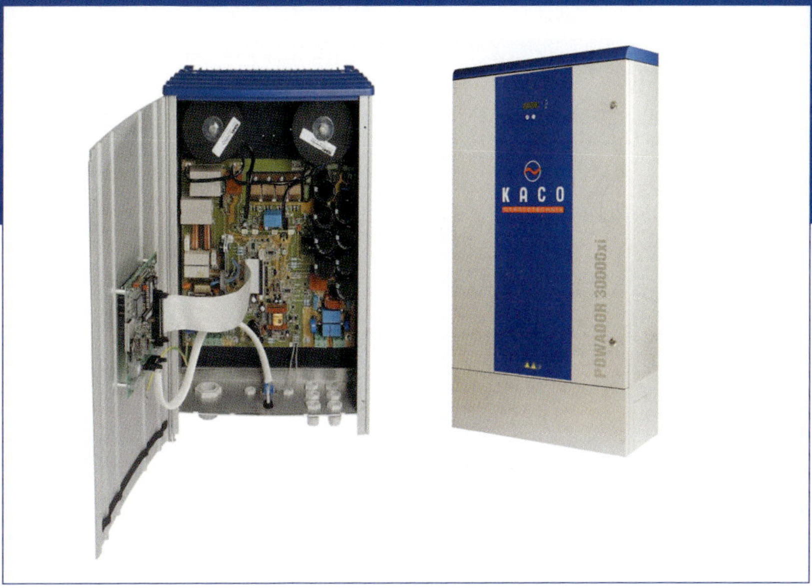

Abb. 6.1 – Ausführungsbeispiel eines handelsüblichen Netzeinspeise-Wechselrichters (Foto Kaco)

Ein Wechselrichter, auch *Inverter* genannt, ist ein Spannungswandler, der eine Gleichspannung in eine Wechselspannung umwandelt.

Preiswerte Wechselrichter, die es auch als Autozubehör gibt, wandeln eine Gleichspannung von 12 V oder 24 V in eine 230 Volt-Wechselspannung um. Diese Umwandlung der Gleichspannung (Autobatterie-Spannung) in eine „netzähnliche"

6 Der Wechselrichter (Inverter)

Wechselspannung bewältigen jedoch diverse preiswerte Wechselrichter nur dürftig.

Eine gute „netzidentische" Wechselspannung hat eine saubere Sinusform. Zumindest an der eigentlichen Quelle des Stromlieferanten. Diese so perfekt erstellte Sinusform wird dann zwar im elektrischen Netz durch Störungen und durch phasenverschiebende Verbraucher etwas verschmutzt, aber bleibt (fast) immer noch genügend rein, um ihrer Aufgabe gerecht zu werden. Preiswerte Wechselrichter, die als Auto- oder Camping-Wechselrichter erhältlich sind, wandeln die Gleichspannung eines Akkus (einer Autobatterie) oft in eine Wechselspannung um, die einer „echten" Netzspannung nur annähernd ähnlich ist (die keine perfekte

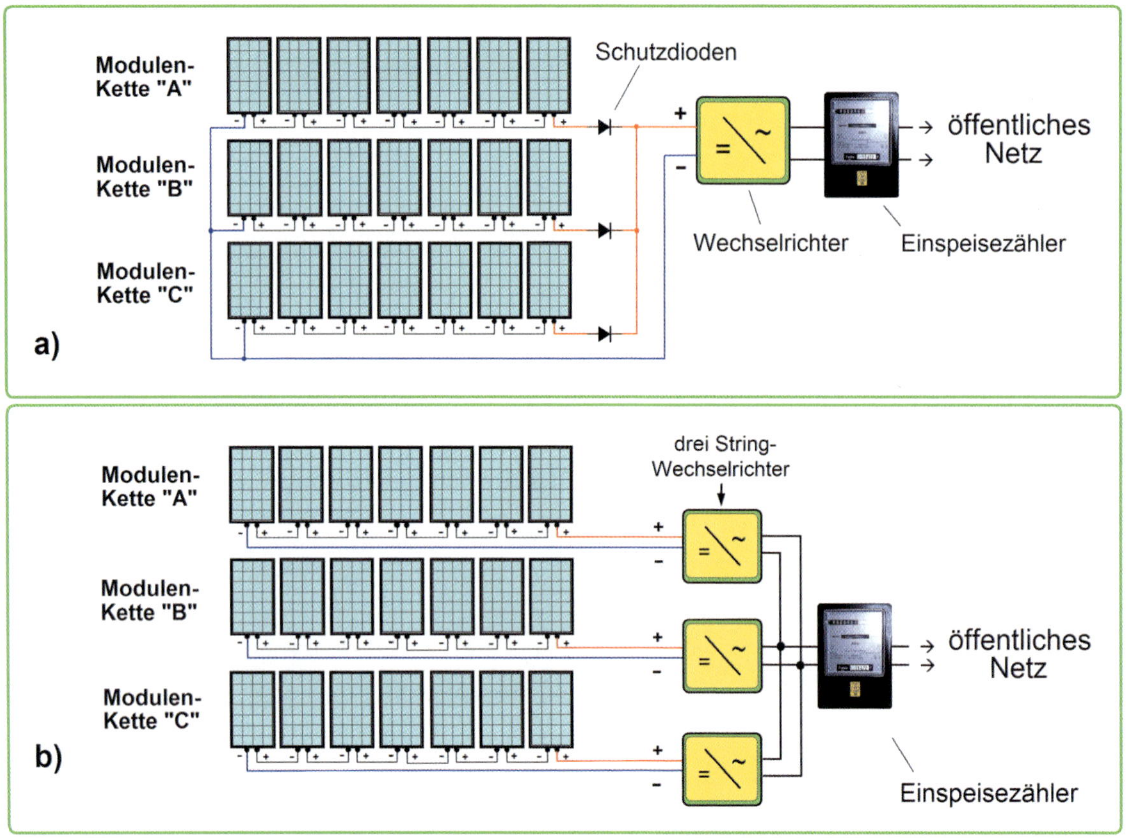

Abb. 6.2 – a) An den Eingang eines jeden Wechselrichters können mehrere Solarmodulen-Ketten parallel angeschlossen werden, müssen jedoch gegenseitig elektrisch optimal ausgewogen (identisch) und mit Schutzdioden geschützt sein; **b)** alternativ kann pro Modulen-Kette jeweils ein selbstständiger String-Wechselrichter angewendet werden, wobei weder eine elektrische Ausgewogenheit einzelner Modulen-Ketten noch zusätzliche Schutzdioden erforderlich sind

Sinusform, sondern nur eine Rechteckform aufweist).

Falls ein Wechselrichter für eine selbstständig arbeitende Anlage vorgesehen ist, die nicht mit dem elektrischen Netz verbunden wird, sollte von vornherein geklärt werden, welche Verbraucher er betreiben soll. Wasserkocher oder einfache Elektrowerkzeuge, die über *keine* elektronische Drehzahlregelung verfügen, geben sich üblicherweise mit einer „schlechteren" Wechselspannung zufrieden.

Transformatoren, darunter auch Ladegeräte für Akku-Werkzeuge, sowie auch alle Transformatoren in Netzteilen von Haushaltsgeräten, Geräten der Unterhaltungselektronik, PCs u. ä., benötigen in der Regel sogenannte *Sinus-Wechselrichter,* die eine sinusförmige Wechselspannung erzeugen.

Unter den Sinus-Wechselrichtern gibt es auch einfachere „Quasi-Sinus-Wechselrichter", die zwar keine vollkommene Sinusspannung, sondern eine treppenförmige Spannung liefern. Wenn eine solche „Treppe" aus ausreichend feinen Stufen aufgebaut ist, kann sie die „echte" Sinus-Netzspannung zufriedenstellend ersetzen.

Bei netzgekoppelten Fotovoltaikanlagen dürfen nur spezielle Wechselrichter (Inverter) verwendet werden, die auch vom Stromlieferanten anerkannt sind und die als ***Netzeinspeise-Wechselrichter*** (einfach oft nur schlicht als *Netzwechselrichter)* bezeichnet werden *(Abb. 6.1).* Sie erzeugen eine sehr gute Sinusspannung und erfüllen zudem viele weitere Aufgaben, die einerseits für die perfekte Netzeinspeisung, andererseits für die optimale Ausbeute der Solarmodule sorgen.

Wird so einem speziellen Netzeinspeise-Wechselrichter Solarspannung (Gleichspannung) zugeführt, die im Rahmen seines *Eingangsspannungsbereichs* liegt, wandelt er sie in eine perfekte Netzspannung (230 Volt-Wechselspannung) um.

Die Einspeisung des Solarstroms in das öffentliche

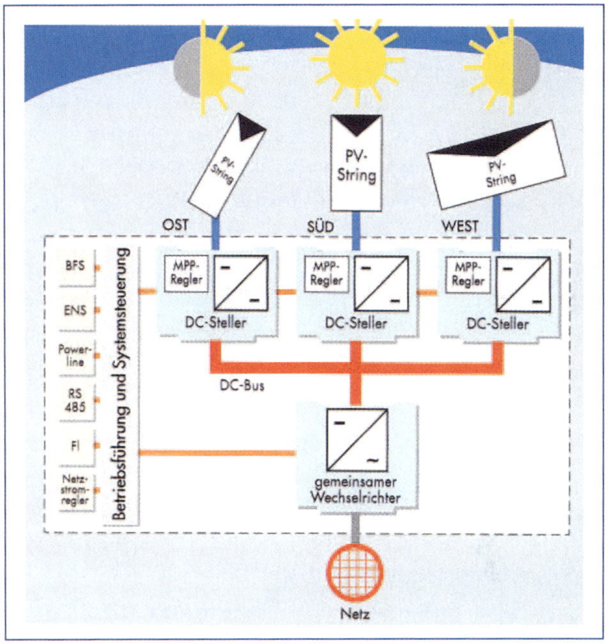

Abb. 6.3 – Der spezielle *„Sunny Boy Multi-String-Wechselrichter"* ist für den Anschluss von drei unabhängig voneinander arbeitenden und unterschiedlich ausgelegten Solargeneratoren (Solarzellen-Flächen) vorgesehen und verhält sich im Prinzip ähnlich wie drei selbstständige String-Wechselrichter, die unabhängig voneinander arbeiten

Netz besorgt eine spezielle Elektronik, die direkt im Wechselrichter integriert ist. Der Anwender braucht sich dabei um nichts zu kümmern, alles geschieht vollautomatisch.

Der in das öffentliche Netz verkaufte Strom, muss – wie jede „Ware" – den Ansprüchen des Kunden gerecht werden. Der Kunde ist hier der Stromlieferant (bzw. der Netzbetreiber) und der hat verständlicherweise auch zu sagen, ob er den einen oder anderen Wechselrichter akzeptieren wird. Manche Wechselrichter weisen Nachteile auf, die der Stromlieferant nicht in

6 Der Wechselrichter (Inverter)

Kauf nehmen will. Der Wechselrichter bestimmt ja die Qualität des solarelektrisch erzeugten Wechselstromes.

Abgesehen davon gibt es auch schlechte Erfahrung mit einigen Wechselrichtern, die derart lausig funktionieren, dass es auch für den „Solarstrom-Erzeuger" nachteilig ist. Sie schalten sich z. B. bei etwas niedrigerer Solarspannung viel zu frühzeitig ab, und verschenken somit grundlos Solarenergie. Aus technischer Sicht handelt es sich bei solchen Wechselrichtern um Geräte, bei denen die sogenannte *MPP-Tracking (maximum power tracking)* nicht optimal ihre Aufgabe bewältigt.

Wie aus der Bezeichnung „MPP" hervorgeht, sollte so ein Gerät fähig sein, eine relativ niedrige Solarspannung so aufzubereiten, dass aus ihr die „maximale Power" herausgeholt wird. Es bleibt jedoch im Ermessen des Wechselrichter-Herstellers, wann sein Gerät die Solarspannung noch derartig aufmöbelt, dass sie ins öffentliche Netz eingespeist werden kann, oder wann es eine zu bescheidene Solar-Eingangsspannung als „nicht mehr bedeutend" einfach negiert.

Die eigentliche Arbeitsweise des Wechselrichters ist an sich leicht zu erklären: Die ihm zugeführte Solar-Gleichspannung muss er elektronisch „zerhacken", um sie in eine Wechselspannung – mit einer möglichst hohen Frequenz (von z. B. 100 kHz oder auch mehr) – umwandeln zu können. Eine hohe Frequenz verringert die internen Verluste, wirkt sich daher positiv auf den Wechselrichter-Wirkungsgrad aus, muss allerdings in der „Endphase" exakt auf die erforderlichen 50 Hz der Netzfrequenz herabgeregelt werden.

Dabei muss laufend die Ausgangsspannung des Wechselrichters haargenau auf die (oft etwas schwankende) Netzspannung so abgestimmt werden, dass sie ins öffentliche Netz „hineingepumpt" werden kann. Dies setzt voraus, dass die vom Wechselrichter gelieferte Wechselspannung ständig etwas höher sein muss als die jeweilige Spannung des öffentlichen Netzes, da sie sonst nicht in das Netz hineinfließt. Davon, wie gut der Wechselrichter auch diese spezielle Aufgabe beherrscht, hängen die Verluste bei der Einspeisung der elektrischen Energie von den Solarzellen ins öffentliche Netz ab.

Derartige technische Feinheiten sind für einen Außenstehenden nur sehr schwer nachvollziehbar. Es empfiehlt sich deshalb, bereits am Anfang der Planung das Anliegen auch mit dem örtlichen bzw. zuständigen Energieversorgungsunternehmen abzusprechen – vorausgesetzt man findet da einen erfahrenen Ansprechpartner.

Im Gegensatz zu *netzunabhängigen* Fotovoltaik-Anlagen beinhalten hier die Richtlinien der Stromlieferanten (Vereinigung Deutscher Elektrizitätswerke – VDE) die Bedingung, dass der „elektrotechnische Teil" nur durch eine „anerkannte" elektrotechnische Fachkraft errichtet werden darf. Ein handwerklich begabter Selbstbauer kann dennoch an einer derartigen Anlage sehr viel eigenhändig machen. Unter Umständen sogar alles, wenn ihm eine Fachkraft (ein Elektromeister) zur Seite steht oder die Arbeiten nachkontrolliert und mit seiner Unterschrift besiegelt.

Wichtig

Auch wenn Sie eine *netzgekoppelte* Fotovoltaik-Anlage im Selbstbau – oder *überwiegend* im Selbstbau – errichten möchten, werden Sie zumindest in der Endphase einen „anerkannten" Elektromeister brauchen, der den Wechselrichter an das öffentliche Netz anschließt. Er wird dabei auch einen Anschluss für den Einspeise-Stromzähler anlegen und mit dem Netzbetreiber die Inbetriebnahme der Anlage vereinbaren müssen.

6.1 Wahl des Wechselrichters

a) Achten Sie bei der Anschaffung des Wechselrichters darauf, dass es sich tatsächlich um einen „modernen" Wechselrichter handelt, der die neusten Vorschriften zum Netzanschluss (ENS) erfüllt und somit nicht mehr der bisher vorgeschriebenen **dreijährigen Prüfung** unterliegt, die zusätzliche Kosten verursacht (lassen Sie sich keinen „alten Hund" andrehen).

b) Viele der modernen Wechselrichter sind für eine lebensgefährlich hohe **Solar-Eingangsspannung** (von bis zu etwa 850 Volt) ausgelegt, die für den Selbstbau bzw. für spätere private Wartungsarbeiten nur dann akzeptabel ist, wenn der Errichter und Betreiber ein entsprechend ausgebildeter Elektrotechniker ist. Andernfalls sind Wechselrichter vorzuziehen, die für einen Eingangsspannungsbereich von maximal 120 Volt (Gleichspannung) konzipiert sind.

c) Die **Obergrenze des *Eingangspannungs-Bereichs*** *(MPP-Spannungsbereichs)* sollte bei einer technisch möglichen Verschaltung der vorgesehenen Solarmodule nur geringfügig oberhalb der Modulen-Nennspannung liegen. Er darf mit ihr sogar voll identisch sein, wenn aus den technischen Daten des Wechselrichters der erforderliche „Sicherheits-Spielraum" hervorgeht.

d) Die sogenannte ***nominale Leistung*** *(maximal installierbare Leistung)* des Wechselrichters sollte auf die Nennleistung der vorgesehenen Fotovoltaik-Dachanlage abgestimmt sein, wobei der Solar-Nennstrom den *maximalen Wechselrichter-Eingangsstrom* nicht überschreiten darf.

e) Der **Wirkungsgrad** des Wechselrichters sollte – wenn möglich – zwischen ca. 95 bis 96 % liegen.

f) Der **Standby-Verbrauch** – und somit auch die nächtliche Stromabnahme vom Hausnetz – sollte bevorzugt bei Null liegen (diese Bedingung erfüllen bereits viele der modernen Wechselrichter).

Zu Punkten b) bis **d)**: Es gibt zwar genügend Wechselrichter, deren *Eingangsspannungsbereich* auch für den Selbstbau günstig (= unter-

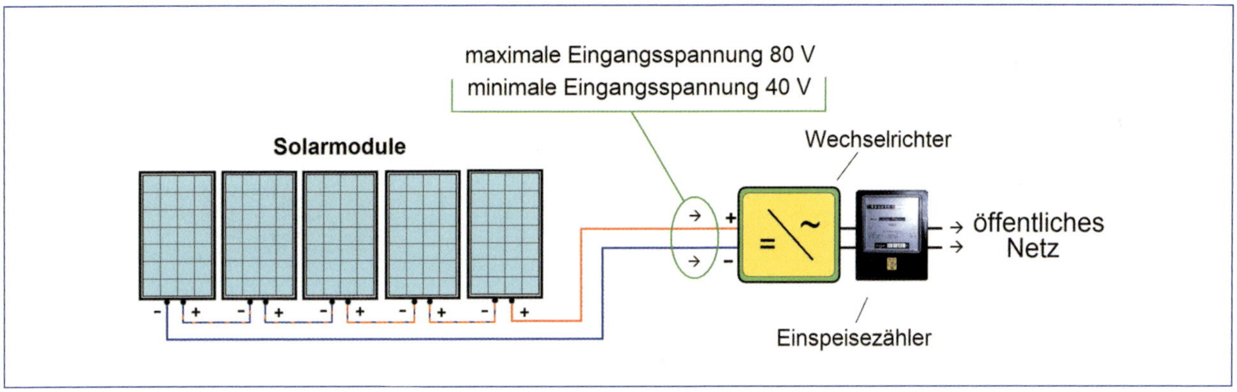

Abb. 6.4 – Ein jeder Wechselrichter kann eine Solarspannung nur dann weiter verarbeiten, wenn sie in Grenzen zwischen seiner minimalen und maximalen „Eingangsspannung" (=Solarspannung) liegt – die in diesem Beispiel mit „40 V bis 80 V" angegeben werden

6.1 Wahl des Wechselrichters

halb von 120 Volt) liegt, aber mit der Anpassung der Module an einen solchen Wechselrichter ist es in der Praxis nicht gerade leicht. Was darunter zu verstehen ist, lässt sich am einfachsten mit Hilfe von *Abb. 6.4* erklären:

Dem Wechselrichter aus diesem Beispiel ist es egal, ob er von der Modulen-Kette eine Solarspannung von vollen 80 Volt (bei kräftig bestrahlten Solarzellen) oder nur von bescheidenen 50 Volt (bei leicht bewölktem Himmel) erhält. Wenn jedoch der Wechselrichter-Hersteller in den technischen Daten als „**Eingangsspannungsbereich U_{PV}" von 40 bis 80 Volt (DC)** angibt, beinhaltet dies, dass der Wechselrichter eine Eingangsspannung unterhalb von 40 Volt DC als nicht existent betrachtet (DC=Gleichspannung) und eine Eingangsspannung überhalb von 80 Volt wiederum nicht verkraften würde.

Gehobene Aufmerksamkeit verdient hier die untere Spannungsgrenze, denn sie ist in der Praxis dafür bestimmend, wie weit der Wechselrichter auch niedrigere Solarspannungen zu einer 230 Volt~ Netzspannung umwandeln und sie somit zu einer „verkäuflichen Ware" aufmöbeln (aufwärtstransformieren) kann.

Jetzt sehen wir uns erst näher an, was es mit der Umwandlung der Solarenergie in die Netzspannung auf sich hat und wie es mit dem Durchverkauf der Solarenergie ins öffentliche Netz steht, wenn die Sonne eventuell etwas bescheidener scheint:

Die Nennspannung der einzelnen Solarmodule der Modulenkette nach *Abb. 6.4* sollte im Idealfall nahe an die **80 Volt** herankommen bzw. diese erreichen. Das würde eine Nennspannung von 16 V pro Modul ergeben. Um mit schönen runden Zahlen rechnen zu können, nehmen wir nun an, dass der Nennstrom der Modulenkette **10 Ampere** beträgt.

80 Volt x 10 Ampere = **800 Watt**

Die 800 Watt entsprechen der **Nennleistung** dieser Solarmodulen-Kette, die der Wechselrichter

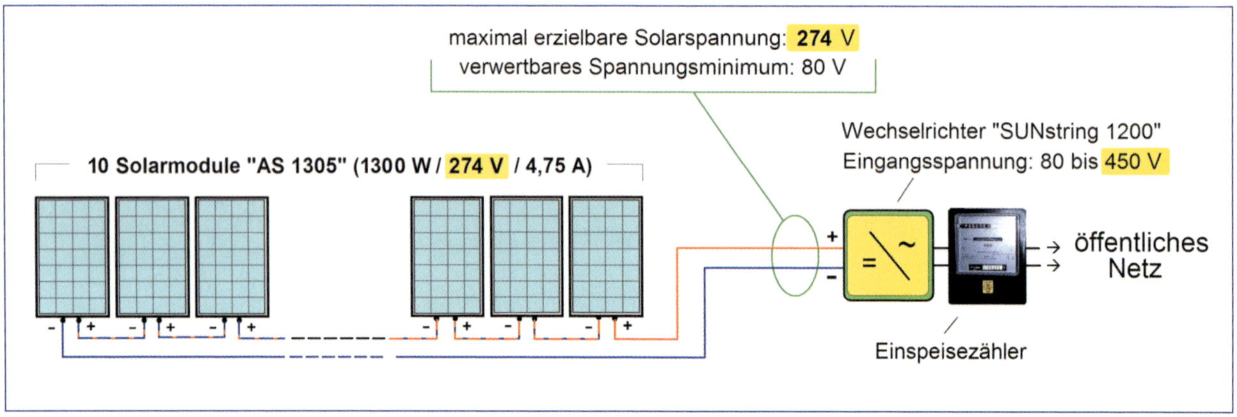

Abb. 6.5 – Ist der angewendete Wechselrichter für einen breiteren Eingangsspannungs-Bereich ausgelegt, kann er auch bei etwas „unfreundlicherem" Wetter die geringere Solarspannung ins öffentliche Netz einspeisen – allerdings um den Preis, dass die Nennspannung des Solargenerators ziemlich hoch ist und somit für den Selbstbau eine Gefahrenquelle darstellt, mit der entsprechend vorsichtig umzugehen ist

bei optimaler Sonnenbestrahlung eingangsseitig erhält, in Netzspannung umwandelt und ins öffentliche Netz einspeist. Zwar mit gewissen Leistungsverlusten (die sich aus dem Wirkungsgrad des Wechselrichters ergeben), aber immerhin in zufriedenstellender Menge, die z. B. in unserem Fall bei etwa 93 % von den 800 Watt (also bei ca. 744 Watt) liegen dürfte.

Sehen wir uns aber an, was geschieht, wenn die Sonne die Solarmodule nur etwas weniger bestrahlt (was z. B. bei leicht bewölktem Himmel vorkommt): Sobald die Solarspannung der belasteten Module unterhalb von **40 V**olt sinkt, kann sie der Wechselrichter nicht mehr verarbeiten – obwohl die Solarmodule noch weiter Solarenergie erzeugen.

Gerade hier liegt der Pferdefuß: Wenn an so eine Wechselrichter-Type eine Solarmodulen-Kette angeschlossen wird, deren max. Nennspannung beispielsweise nur bei 65 Volt liegt, sinkt die Solarspannung logischerweise ziemlich oft unter die 40 Volt-Schwelle und „nichts geht mehr". Mit anderen Worten wird hier ein zu großer Teil der erzeugten Solarenergie verschenkt.

Das Erste, was dem Menschen als eine sinnvolle Lösung des Problems einfällt, ist, dass man einfach einen Wechselrichter anwenden müsste, der fähig wäre, eine Solarspannung von Null aufwärts – oder zumindest ab einem wesentlich niedrigeren Niveau – zu einer „netzidentischen" Wechselspannung umzuwandeln.

Solche Wechselrichter gibt es aber leider nicht. Technisch wäre es zwar möglich, aber zu teuer und zudem auch nicht unbedingt sinnvoll, denn wenn die Solarspannung eines „Solargenerators" zu tief wird, ist die Solarleistung uninteressant niedrig. Das heißt, dass es sich nicht lohnen würde, die Vermarktung einer zu winzigen Solarleistung um jeden Preis anzustreben, denn „jeden Preis" zahlt der Errichter einer Fotovoltaik-Anlage mit Sicherheit nicht.

Die Frage, wie breit die Grenzen der Solar-Eingangsspannung sein können, die ein guter Wechselrichter haben sollte, bleibt daher im Ermessen des Wechselrichter-Herstellers.

Sehr breite Grenzen des Eingangsspannungs-Bereichs haben z. B. die Wechselrichter der Marken *„SUNstring" (Sunset GmbH, D-91325 Adelsdorf)* und *„Convert 2000" (Solar-Fabrik AG, D 79111-Freiburg).* Die Eingangsspannung liegt hier jedoch zwischen 80 und 450 V bzw. 90 und 450 V. Das heißt, dass die Nennspannung der Fotovoltaik-Modulenkette bevorzugt nahe an die 450 Volt kommen müsste, um den vollen Spannungsbereich nutzen zu können. In dem Fall würde die Fotovoltaik-Anlage auch bei einer ziemlich geringen Sonnenbestrahlung noch eine „verwertbare" Solarspannung an den Wechselrichter liefern können.

Würde an diese Wechselrichter eine Solarzellen-Kette angeschlossen, deren offizielle Nennspannung beispielsweise *nur* bei 180 Volt liegt, ergibt sich daraus dasselbe Verhältnis von ca. 2 : 1 zwischen dem Spannungs-Maximum und Spannungs-Minimum wie bei dem Beispiel nach *Abb. 6.4.* Die Solarstrom-Lieferung ins öffentliche Netz wäre also ebenfalls unterbrochen, sobald die Solarspannung etwa unter die Hälfte ihres Nennwertes sinkt – was bereits bei leicht bewölktem Himmel oder bei zu schrägem Einfall der Sonnenstrahlen vorkommt.

Inwieweit man quasi jeden Tropfen der erzeugten Solarenergie ins öffentliche Netz einspeisen sollte, bleibt eine reine Ermessensfrage. Im Allgemeinen wäre es erstrebenswert, dass beispielsweise auch noch eine Solarspannung in Netzspannung umgewandelt werden könnte, die wetter- oder tageszeitbedingt auf ein Drittel der offiziellen Nennspannung des „Solargenerators" gesunken ist (oder noch

6.1 Wahl des Wechselrichters

nicht einen höheren Wert erreichen konnte).

Aus dieser Sicht wäre es wünschenswert, dass die Summe der Nennspannungen der vorgesehenen Modulen-Kette in *Abb. 6.5* mindestens etwa 250 Volt (also das Dreifache der minimalen Wechselrichter-Eingangsspannung) betragen sollte. Diesen Zweck erfüllt eine Kette von zehn SUNSET-Solarmodulen der Type *AS 1305*.

Der Hersteller SUNSET empfiehlt für seinen Wechselrichter der Type *SUNstring 1200* eine Reihe (Kette) von zehn seiner Module Type *AS 1305* mit einer *Nennleistung* von **130 Watt**, *Nennspannung* von **27,4 Volt** und einem *Nennstrom* von **4,75 Ampere** (pro Modul). Die *Nennleistung* einer solchen Modulen-Kette beträgt somit **1300 Watt,** die **Ausgangs-Nennspannung** stolze **274 Volt.** Der von der Modulen-Kette gelieferte **Nennstrom** bleibt bei etwas Glück bei den 4,75 A bzw. wird von der schwächsten Solarzelle der Zellenreihe bestimmt. Das Modul der Type *AS 1305* ist 1,476 m lang und 0,658 m breit (Außenabmessungen). Daraus ergibt sich ein flächenbezogener Wirkungsgrad von ca. 14,26 %.

Wäre noch darauf hinzuweisen, dass die in technischen Daten aufgeführte DC-Nennleistung des Wechselrichters *SUNstring 1200* zwar nur 1200 Watt beträgt, aber dass er für eine Solargeneratorenleistung von „max. 1650 W_P" ausgelegt ist und somit (laut Information des Herstellers) die empfohlenen zehn Module à 130 Watt problemlos verkraftet. Mit dieser Bemerkung möchten wir Sie, lieber Leser, darauf hinweisen, dass eine gute Auskunft beim Hersteller etliche Ihrer Planungsprobleme erleichtern kann.

Bei erstaunlich vielen Fotovoltaik-Anlagen sind vor allem die Nennspannungen der Solargeneratoren (Solarmodulen-Ketten) nur unzulänglich an den Wechselrichter angepasst, wodurch die Betreiber einen zu geringen Teil der erzeugten Solarenergie in das öffentliche Netz durchverkaufen.

Der Grund dafür ist einfach: Die Anlagen werden zu oft unter dem Motto „Wissen ist eine Macht, nichts wissen macht auch nichts" installiert. Abgesehen davon liegt der Haken darin, dass die Errichter (auch viele der gewerblichen Errichter) eigentlich nicht so genau wissen, was sie eigentlich wissen sollten und somit denken, dass sie genug wissen, um über die Runden zu kommen.

Spielen Sie „ernsthaft" mit dem Gedanken an die Errichtung einer Fotovoltaik-Anlage und haben überhaupt keine praktische Erfahrung mit Solarzellen, sollten Sie sich erst z. B. ein preiswertes, Solarmodul nach *Abb. 6.6* beschaffen, um damit praktisch experimentieren zu können.

Wenn Sie solche Solarzelle nach *Abb. 6.7* mit einem kleinen 0,45 bis 0,5 Ohm-Widerstand belasten, können Sie mit einem Multimeter messen, wie sich die von der Zelle gelieferte Spannung bei unterschiedlicher Bestrahlung verhält und wie groß dabei der Solarstrom ist, der in den Widerstand fließt. Da bei solchen Experimenten keine exakten Messwerte erstellt werden müssen, können Sie mit einem Multimeter jeweils abwechselnd sowohl die „bestrahlungsabhängige" Solarspannung wie auch den Solarstrom messen. An Stelle eines 0,45 oder 0,5 Ohm-Widerstandes (der nicht „handelsüblich" ist) können zwei kleine Ein-Ohm-Wider-

Abb. 6.6 – Kleine Solarmodule oder gekapselte Solarzellen eignen sich hervorragend für individuelle Experimente

stände parallel zusammengelötet werden (wie Abb. 6.7 zeigt).

Mit Hilfe einer solchen „Vorrichtung" können Sie selber auskundschaften, wie weit jeweils die Zellenspannung und der Zellenstrom bei trübem Wetter oder bei leicht bedecktem Himmel sinken und unter welchen Bedingungen der ganze Spaß der „Energiegewinnung" aufhört. Auf diese Weise machen Sie sich ein genaueres Bild darüber, wie bei einer sinkenden Zellenbelichtung mit der sinkenden Zellenspannung auch der Zellenstrom – und somit die „brauchbare" Zellenleistung – sinkt.

Die jeweilige **Zellenleistung** rechnen Sie sich leicht aus, wenn Sie die jeweils ermittelte **Zellenspannung mit dem** gleichzeitig ermittelten **Zellenstrom multiplizieren**.

Beispiel

Bei leicht bewölktem Himmel zeigt Ihnen das Multimeter (an der belasteten Zelle nach Abb. 6.7) eine Spannung von 0,3 Volt und einen Strom von 0,6 A an. Das ergibt eine Zellenleistung von **0,18 Watt** (0,3 V x 0,6 A = 0,18 W). Bei einer voll bestrahlten Zelle sollte in diesem Fall die ermittelte Solarspannung 0,45 Volt und der Solarstrom etwa 1 A betragen. Das ergibt eine Zellenleistung von **0,45 Watt.** Allerdings nur dann, wenn der „Lastwiderstand" exakt 0,45 Ohm hätte und wenn es auch mit den tatsächlichen „Nennwerten" der angewendeten Solarzelle ganz genau klappt. Das ist aber nicht unbedingt erforderlich, denn bei solchen Experimenten geht es vor allem darum, dass die „Proportionen" beschnuppert werden, um das Verhalten der Solarzelle verstehen zu lernen.

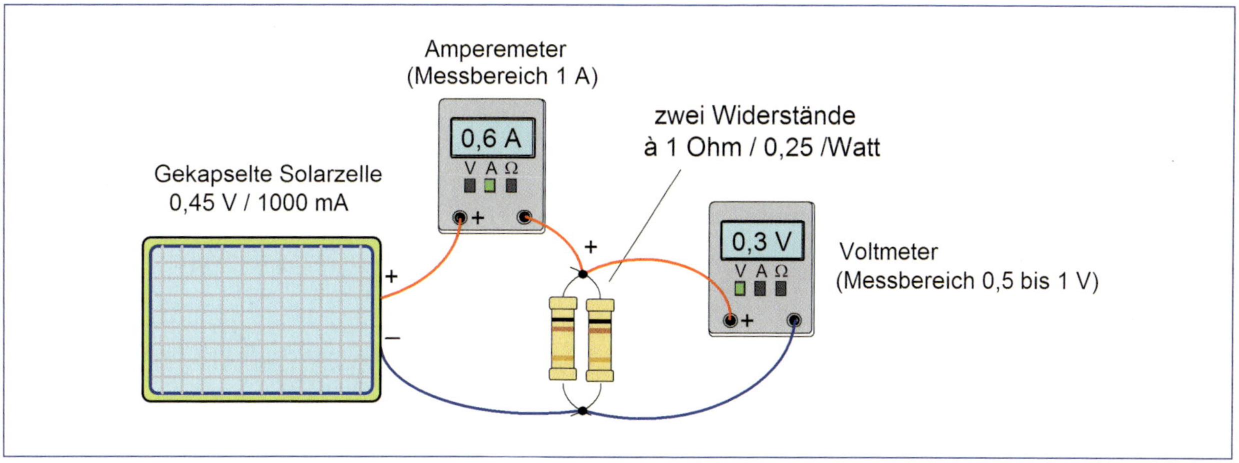

Abb. 6.7 – Sowohl die jeweilige Solarspannung als auch der jeweilige Solarstrom einer gekapselten Solarzelle sollten grundsätzlich nur bei annähernd voller Belastung (die in diesem Fall die zwei 1-Ohm-Widerstände bilden) gemessen werden

6.1 Wahl des Wechselrichters

Auf Basis solcher „Vorrecherchen" können Sie dann selber entschließen, für welche Nennspannung eine geplante Fotovoltaik-Anlage konzipiert werden sollte, um über den vorgesehenen Wechselrichter in Rahmen seiner „Eingangsspannungs-Grenzen" ein solides Maximum an Solarenergie in das öffentliche Netz durchverkaufen zu können.

Auf den ersten Blick erscheint es als sehr ungünstig, dass viele der Wechselrichter für zu enge Grenzen der Eingangsspannungen ausgelegt sind oder wiederum eine zu hohe Eingangsspannung (Solarspannung) benötigen.

Die Breite des Spannungsbereichs, den ein Wechselrichter effizient bewältigen kann, ist im Prinzip nur eine Kostenfrage. Je kleiner der Unterschied zwischen dem Eingangsspannungs-Minimum und Eingangsspannungs-Maximum ist, um so preiswerter kann der Wechselrichter sein. Dies auch in Hinsicht darauf, dass es technisch ziemlich kompliziert wird, wenn der Wechselrichter sowohl hohe als auch niedrige Eingangsspannungen mit einem möglichst hohen Wirkungsgrad in des Netz einspeisen soll.

Was die Höhe der Spannung anbelangt, die ein Wechselrichter „markenbezogen" benötigt, kollidiert hier der Aspekt der Sicherheit mit dem Aspekt anderer Vorteile. Unter die Bezeichnung „Schutzkleinspannung" fällt nur eine Gleichspannung von maximal 120 Volt. Eine höhere Gleichspannung stellt entsprechend höhere Ansprüche auf Sicherheits- und Schutzmaßnahmen. So können beispielsweise die Solarmodule während der Installationsarbeiten „lichtschützend" abgedeckt werden, um auch an einem sonnigen Tag keine zu gefährlich hohe Spannung erzeugen zu können. Zudem bieten viele Modulenhersteller zu ihren Fotovoltaik-Systemen „steckerfertig montierte Solarkabel" an, die eine versehentliche Verletzung durch eine zu hohe Solarspannung verhindern.

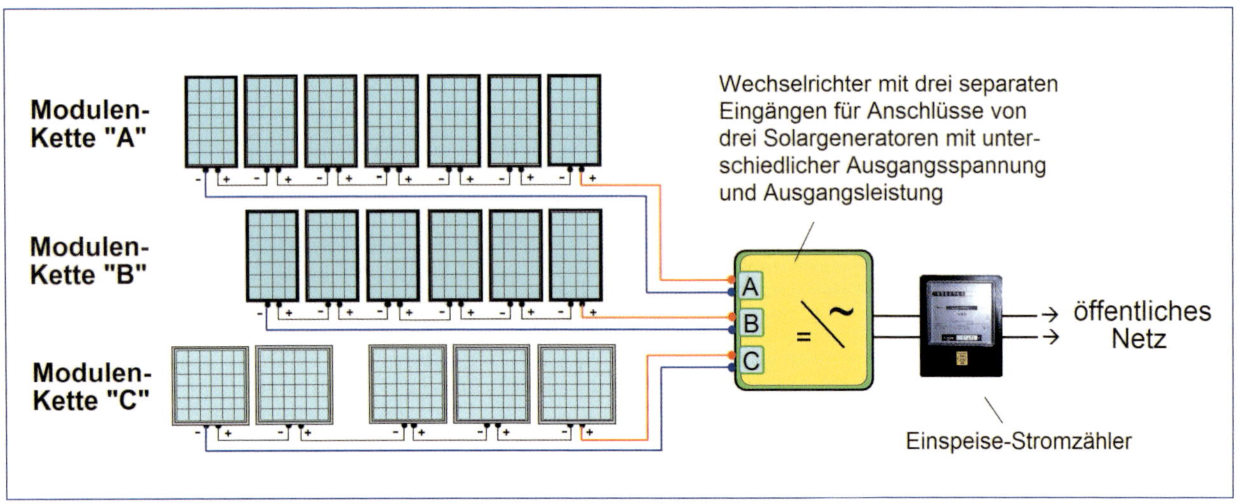

Abb. 6.8 – Einige der modernen Wechselrichter, zu denen auch der String-Wechselrichter aus Abb. 6.3 gehört, sind für Anschlüsse von mehreren Solargeneratoren (Modulenketten) unterschiedlicher Parameter ausgelegt und können anstelle von mehreren einzelnen Wechselrichtern angewendet werden

6.2 Die elektrischen Leiter

In der Elektrotechnik wird prinzipiell immer angestrebt, dass für die Übertragung von kräftigeren elektrischen Leistungen eine angemessen hohe Spannung verwendet wird. Der Grund liegt darin, dass der Leistungsverlust in einer elektrischen Leitung nur von dem Ohmschen Widerstand des Leiters und dem Strom, der ihn durchfließt, abhängt. Die Höhe der übertragenen Spannung hat dabei auf den Leistungs- und Spannungsverlust keinen Einfluss.

Wenn beispielsweise ein Strom von 10 Ampere (A) durch eine 100 m lange elektrische Leitung fließt, deren Ohmscher Widerstand 0,7 Ohm (Ω) beträgt, entsteht in dieser Leitung ein Spannungsverlust von 7 Volt (10 Ampere x 0,7 Ohm = 7 Volt). Aus diesem Spannungsverlust ergibt sich rechnerisch ein Leistungsverlust von 70 Watt (10 Ampere x 7 Volt = 70 Watt).

Interessant ist an der Sache, dass derselbe Leistungsverlust z. B. sowohl bei der Übertragung einer 20 Volt-Spannung als auch bei der Übertragung einer 1000 Volt-Spannung entsteht. Dabei würde es sich bei einer „Ausgangsspannung" von 20 Volt Spannung (bei einem Strom von 10 Ampere) um eine Leistungsübertragung von bescheidenen 200 Watt handeln, von der in unserem Beispiel 70 Watt „auf der Strecke" verloren gehen. Wird dagegen eine Spannung von 1000 Volt übertragen, steigt die übertragene Leistung auf stolze 10 000 Watt, wovon dann ebenfalls nur 70 Watt in der Leitung (als Leistungsverlust) verloren gehen.

Aus diesem Grund ist es vernünftig, wenn man bei der Übertragung von elektrischer Energie möglichst hohe Spannungen anwendet. Erhebliche Einsparungen an Leistungsverlusten in der Leitung lassen sich vor allem bei längeren Leitungen erreichen. In der Solarelektrik kann es unter Umständen umstritten sein, ob in Hinsicht auf die relativ kurzen Leitungen und Verbindungen eine Erhöhung der Solarspannung einen tieferen Sinn ergibt.

Bei kleineren Fotovoltaik-Dachanlagen liegt die Summe der einzelnen Längen der Verbindungen (zwischen einzelnen Modulen) sowie auch der Zuleitung von den Dachmodulen zum Wechselrichter oft nur bei etwa 10 m, wovon ca. 5 m auf den Plus-Leiter und ca. 5 m auf den Minus-Leiter entfallen. Was darunter zu verstehen ist, verdeutlicht *Abb. 6.8*.

Der folgenden Tabelle können Sie entnehmen, wie groß der Spannungsverlust ist, der in einer 10 m langen Leitung – abhängig von dem Leiterquerschnitt und dem Strom, der durch die Leitung fließt – entsteht.

Der in der Tabelle 6.1 angegebene Spannungsverlust kann nach Belieben auf die Längen der vorgesehenen Leitungen und Verbindungen umgerechnet bzw. in passendem Verhältnis auch nur grob eingeschätzt werden. Danach bleibt es im individuellen Ermessen, welcher Leitungsquerschnitt angewendet wird. Da von dem Spannungsverlust in den Leitungen auch der Leistungsverlust der ganzen Fotovoltaik-Anlage abhängt, verdient dieser Aspekt eine gehobene Aufmerksamkeit vor allem bei Systemen, die mit niedrigeren Solarspannungen und höheren Solarströmen arbeiten.

Spannungsverlust pro 10 m Kupferleitung bei einem Querschnitt von:

Solarstrom:	**2,5 mm²**	**4 mm²**	**6 mm²**	**10 mm²**	**16 mm²**
5 A	0,35 V	0,24 V	0,15 V	0,09 V	0,06 V
10 A	0,7 V	0,48 V	0,3 V	0,17 V	0,12 V
15 A	1,05 V	0,72 V	0,45 V	0,26 V	0,18 V
20 A	1,4 V	0,96 V	0,6 V	0,35 V	0,24 V
25 A	1,75 V	1,2 V	0,7 V	0,43 V	0,3 V
30 A	2,1 V	1,44 V	0,9 V	0,51 V	0,36 V

Tabelle 6.1

6.2 Die elektrischen Leiter

Das Problem mit der Einsparung an Energieverlusten in der Zuleitung zum Wechselrichter kann bei Bedarf auch durch Anwendung eines Wechselrichters gelöst werden, der für Außenmontage konzipiert ist und nach *Abb. 6.10* direkt neben den Dachmodulen installiert werden kann. Eine solche Lösung stellt allerdings keinen erstrebenswerten architektonischen Beitrag dar und erschwert zudem eventuelle Wartungsarbeiten im Wechselrichter, der als ein ziemlich kompliziertes Elektrogerät auch Störungen aufweisen kann (und Wartungsarbeiten am Dach sollte man lieber aus dem Wege gehen).

Bemerkung

Bei elektrischen Leitungen wird nicht der Durchmesser, sondern der **Querschnitt** der Leiter (in mm^2) angegeben. So hat beispielsweise ein runder Leiter (Kupferdraht) mit einem Querschnitt von 4 mm^2 einen Durchmesser von Ø 2,25 mm, ein 6 mm^2-Leiter einen Durchmesser von Ø 2,75 mm, ein 10 mm^2-Leiter einen Durchmesser von Ø 3,6 mm usw. Die angegebenen Durchmesser beziehen sich auf den eigentlichen Leiter (auf den Kupferkern) ohne isolierende Ummantelung.

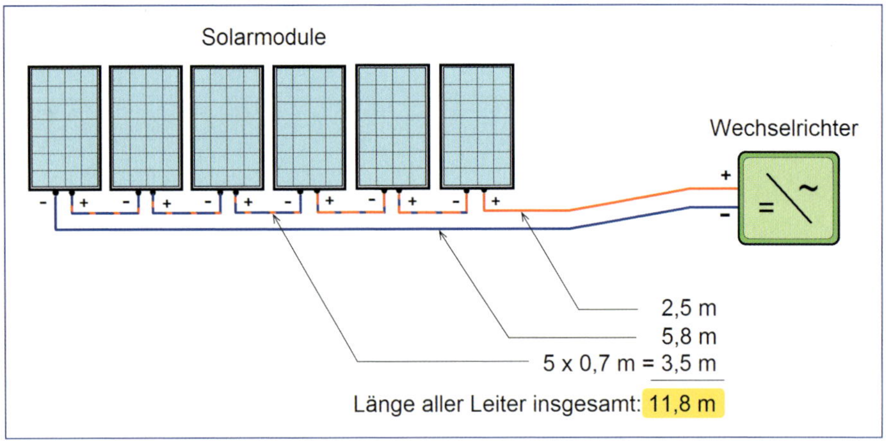

Abb. 6.9 – Für die Ermittlung des Ohmschen Widerstandes der „Solarstromleitung" sind auch die Gesamtlängen aller Leiter der Zwischenverbindungen einzubeziehen

Abb. 6.10 – Einige Wechselrichter sind für Außenmontagen ausgelegt und können direkt am Dach neben den Solarmodulen installiert werden (wie hier in der linken oberen Ecke)

6.3 Kontrolle der Netzeinspeisung

Eine einfache Kontrolle über die jeweilige Netzeinspeisung ermöglicht zwar der Einspeise-Stromzähler: Entweder läuft er gar nicht, läuft langsam oder schnell und zeigt somit jeweils an, ob der Solarstrom aus eigener Produktion ins Netz eingespeist wird und wieviel Kilowattstunden dabei innerhalb einer Zeitspanne ins öffentliche Netz geliefert wurden.

Wenn z. B. eine exaktere Übersicht darüber erwünscht ist, bei welcher Solarspannung und bei welchem Solarstrom der Wechselrichter seine Arbeit tatsächlich aufnimmt bzw. aufgibt, genügt dazu ein einfacher Voltmeter und Amperemeter am Wechselrichter-Eingang nach *Abb. 6.10*.

Ein zusätzlicher Amperemeter am Wechselrichter-Ausgang („irgendwo" zwischen dem Wechselrichter-Ausgang und dem Einspeisezähler) verschafft eine laufende Kontrolle über den jeweiligen tatsächlichen Wirkungsgrad des Wechselrichters. Eine solche Kontrolle ist deshalb interessant, weil bei den meisten Wechselrichtern der „offizielle" Wirkungsgrad nur für gewisse Belastungsgrenzen (im optimalen Bereich) gilt und bei niedrigerer Solarleistung oft etwas sinkt. Zudem kann eine solche Messung eine Fehlfunktion des Wechselrichters entlarven. Ein zusätzlicher Wechselspannungs-Voltmeter ist dabei zwar am Wechselrichter-Ausgang nicht unbedingt erforderlich, aber aus dem Grund vorteilhaft, dass die Netzspannung nicht immer und nicht überall die genauen 230 Volt hat, womit die Kontrolle über den Wechselrichter-Wirkungsgrad nicht ausreichend genau gegeben ist.

Hinweis

Solange der Solar-Wechselstrom an die Netzbetreiber für einen Preis verkauft werden kann, der höher ist als der „Netzteilnehmer-Einkaufspreis", sollte dieser in vollem Umfang nur über den Einspeisezähler in das öffentliche Netz eingespeist (verkauft) werden. Sie sollten den „teuren" Solarstrom nicht zum Teil selber verbrauchen, denn das kann die ohnehin bescheidene Rendite noch mehr schmälern und bringt Ihnen keinen Vorteil.

Die meisten der preiswerten Messgeräte weisen jedoch einen Messfehler von etwa 5 % aus und sollten daher noch vor dem Einbau mit „geeichten" Messgeräten verglichen werden (es reicht dann, wenn man sich notiert, wie groß der jeweilige tatsächliche Messfehler bei dem am meisten gemessenen Wert ist).

Viele Wechselrichter-Hersteller bieten zudem zu ihren Geräten auch diverse zusätzliche Spezialgeräte an, darunter auch Geräte, die eine Kontrolle der Messwerte am PC-Monitor oder am Fernseher bzw. eine Fernübertragung der Messwerte ermöglichen. Viele dieser Zusatzgeräte ermöglichen auch Fernabfragen, Datenspeicherungen und eine automatische Kontrolle des laufenden Stromertrages in Bezug darauf, ob alles nach Plan läuft. Wer sich auf diesem Gebiet

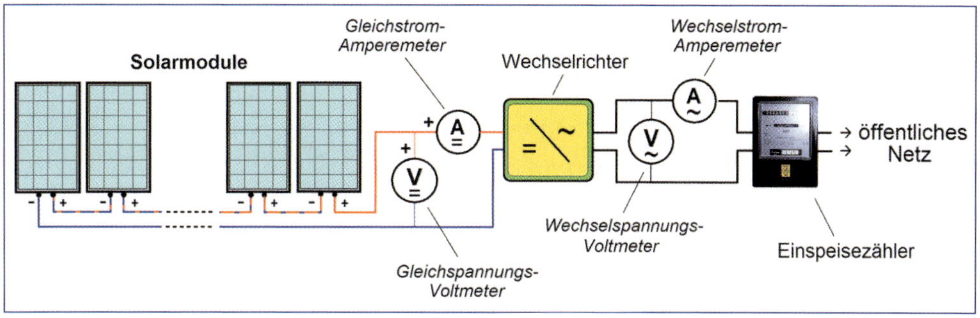

Abb. 6.11 – Der Wechselrichterausgang einer Solaranlage sollte grundsätzlich direkt an das öffentliche Netz (an die Eingangsseite des Bezugszählers) angeschlossen werden

so richtig austoben möchte, der kann sich auch noch eine kleine Wetterstation errichten, deren Temperaturfühler und Einstrahlungssensoren den Tagesverlauf des Wetters mit Hilfe einer zusätzlichen Software speichern und auswerten.

Einige Wechselrichter-Hersteller weisen zwar darauf hin, dass ihre Wechselrichter ausgangsseitig einfach an eine beliebige Haushalts-Steckdose angeschlossen werden können, um den Solarstrom in das Netz einzuspeisen. Das vereinfacht zwar die Installation, hat aber den vorher angesprochenen Nachteil, dass nur ein Teil des Solarstroms in das öffentliche Netz durchverkauft werden kann. Der Rest wird in dem Fall intern u.a. von Haushaltsgeräten verbraucht, die kontinuierlich oder unkontrollierbar laufen: Kühlschränke, Tiefkühltruhen, Umwälzpumpen der Zentralheizung und Warmwasser-Aufbereitung, Heizkessel-Elektronik usw.

Daher sollte der Wechselrichter ausgangsseitig über den *Einspeisezähler* nach *Abb. 6.11* grundsätzlich direkt an das öffentliche Netz (nicht an das Hausnetz) angeschlossen werden.

Falls Sie bereits eine Fotovoltaik-Anlage betreiben, bei der der Ausgang des Wechselrichters an das Hausnetz angeschlossen ist (was früher oft gemacht wurde), lohnt es sich, die Installation nach dem Prinzip aus *Abb. 6.11* zu modifizieren.

Bemerkung

Bei manchen Wechselrichtern – darunter z. B. bei den *„SUNstring"* Wechselrichtern von *SUNSET* – wird unter den technischen Daten neben der *minimalen Betriebsspannung (von 80 V)* und *maximalen Betriebsspannung (von 450 V)* auch noch eine sogenannte *„Startspannung" (von 125 V)* aufgeführt, die höher ist als die eigentliche *minimale Betriebsspannung.* Das bedeutet, dass der Wechselrichter jeweils erst dann startet (seine Arbeit aufnimmt), wenn die ihm zugeführte Solarspannung auf mindestens 125 Volt gestiegen ist. Solange die Solarspannung danach nicht unterbrochen wird, arbeitet der Wechselrichter, bis die ihm zugeführte Solarspannung unterhalb die *„minimale Betriebsspannung"* (in diesem Fall unterhalb von 80 Volt) sinkt.

Ein solcher Wechselrichter ist im wahren Sinne des Wortes ein echter „Spätzünder". Bei den Überlegungen bzgl. der optimalen Solar-Nennspannung sollten in diesem Fall als eine „verwertbare" minimale Betriebsspannungs-Schwelle die 125 Volt und *nicht* die 80 Volt betrachtet werden. Um nicht allzuviel Solarenergie zu verschenken, sollte dann bei diesem Wechselrichter die Solar-Nennspannung (als Summe aller Modulen-Nennspannungen) bevorzugt *mindestens* ca. 275 bis 300 Volt betragen – bzw. dürfte bis an die Obergrenze der offiziellen 450 Volt reichen. SUNSET bietet zu seinen „SUNstring"- Wechselrichtern in seinen Bausätzen verschiedene Modulenketten, deren Nennspannung bei ca. 274 Volt anfängt (mit zehn monokristallinen Solarmodulen AS 1305 mit einer Nennspannung von 27,4 Volt und Nennleistung von 130 Watt). Alternativ wird für eine Leistung von 2,34 kW eine Modulen-Kette von 18 Stück der Module Type AS 1306 angeboten, deren Solar-Nennspannung 309,6 Volt beträgt (die Module AS 1306 sind für eine Nennleistung von 130 Watt und Nennspannung von 17,2 Volt ausgelegt). Bei dem Entwurf dieser Bausätze wurde die *Startspannung* des Wechselrichters vernünftig ausreichend berücksichtigt, liegt „im Rahmen" unserer Empfehlungen und kann als ein Planungsbeispiel dienen. Als etwas zu gefährlich dürfte hier für den Selbstbau die ziemlich hohe Solar-Nennspannung eingestuft werden. Der Anbieter liefert jedoch zu diesen Bausätzen „steckerfertig montierte" Solarkabel, die eine eventuelle Verletzung durch eine zu hohe Solarspannung verhindern.

7 Solarzellen – Grundbausteine der Fotovoltaik

Abb. 7.1 – Ausführungsbeispiel einer *monokristallinen* Solarzelle (Abmessungen ca. 103 x 103 x 0,3 mm, Nennspannung ca. 0,46 bis 0,48 Volt, Nennstrom ca. 3,1 Ampere, Nennleistung ca. 1,43 bis 1,49 Watt); die Zellenoberfläche ist – je nach Lichteinfall – einheitlich bläulich-grau; die dekorativen Gittermuster bilden die Anschlüsse (Pole) der Zelle

Wer intensiver die Berichterstattungen über Solarzellen und Fotovoltaik verfolgt, könnte leicht den Eindruck gewinnen, dass es auf der Welt eine unübersehbare Vielfalt an Solarzellen gibt.

Es gehört zwar zu den wichtigsten Aufgaben der Medien, dass sie den Leser über die neuesten Entwicklungen oder Laborversuche auf dem Laufenden halten. Ein Außenstehender kann dabei aber nur schwer beurteilen, welche der Solarzellen für sein Vorhaben zum Zeitpunkt seiner Planung auf dem Markt auch zur Verfügung stehen bzw. kurzfristig erhältlich sein werden.

7 Solarzellen – Grundbausteine der Fotovoltaik

Die Sachlage ist zum Glück sehr einfach: Die Auswahl an Solarzellen als Grundbausteine beschränkt sich immer noch auf kristalline und amorphe (Dünnschicht) Solarzellen.

Für die meisten langlebigen Anwendungen im Außenbereich kommen bevorzugt kristalline Silizium-Solarzellen in Frage.

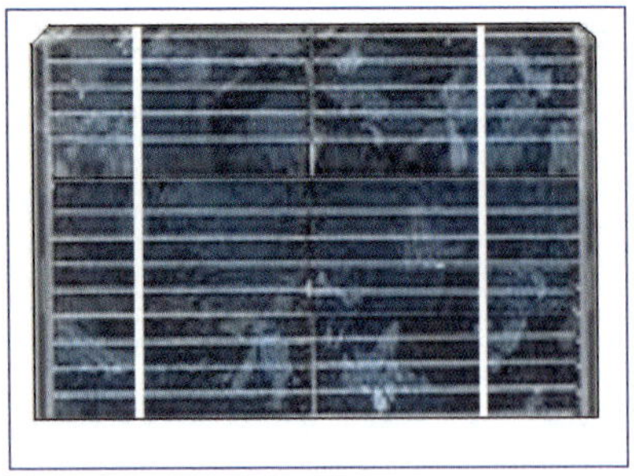

Abb. 7.2 – Ausführungsbeispiel einer *polykristallinen (multikristallinen)* Solarzelle: Die Abmessungen variieren bei diesen Zellen zwischen ca. 100 x 100 x 0,3 mm und etwa 150 x 150 x 0,4 mm. Ihre Nennspannung liegt zwischen ca. 0,45 und 0,48 Volt, ihre Nennleistung pro dm^2 Fläche bei etwa 1,2 bis 1,4 Watt. Die Zellenoberfläche weist eine marmorierte Eisblumen-Struktur auf, die – je nach Lichteinfall – von blau bis zu silbrig glänzend variiert

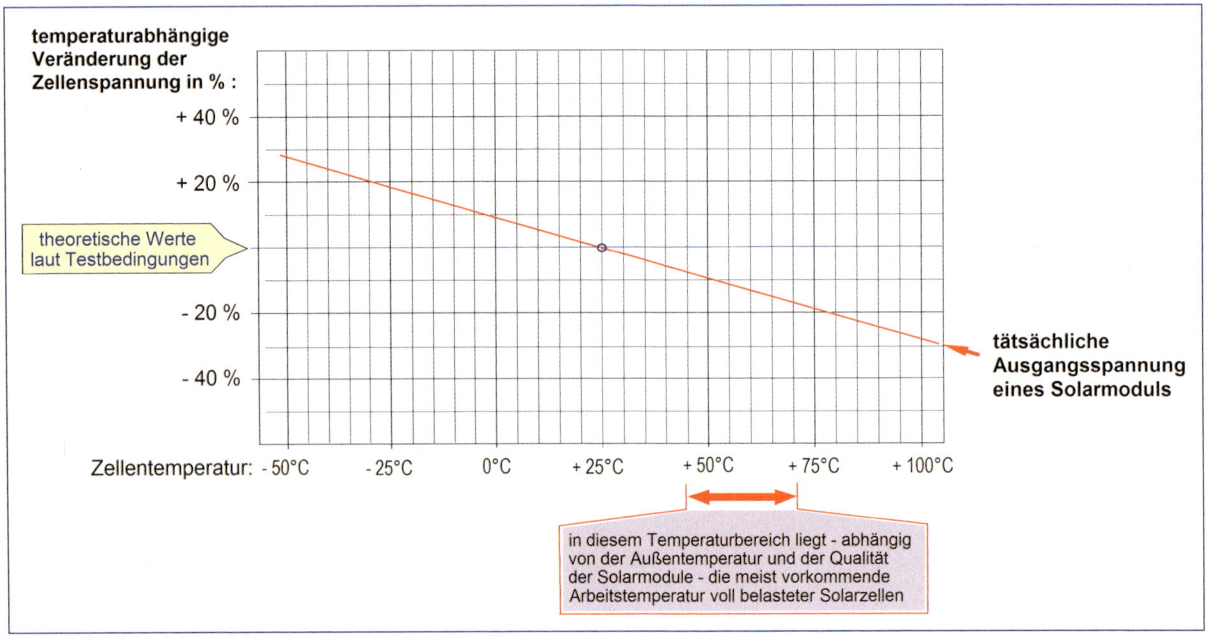

Wenig bekannt, aber wichtig zu wissen: die Nennspannung, die in den technischen Daten der kristallinen Solarzellen und Solarzellen-Module angegeben wird, gilt – laut offiziellen Testbedingungen – nur für eine Innentemperatur der Zellen von + 20 °C. In der Praxis wärmt sich jedoch eine voll belastet Solarzelle stark auf, und ihre tatsächliche Ausgangsspannung - sowie auch ihre Ausgangsleistung - sinken mit steigender Betrieb- und Außentemperatur insbesondere an heißen Sommertagen ziemlich tief unter die vom Hersteller angegebenen Werte

7.1 Wie funktioniert eine Solarzelle?

Der Aufbau einer kristallinen Silizium-Solarzelle ist vom Prinzip her identisch mit dem Aufbau einer Siliziumdiode: Eine dünne *n-Schicht* (Negativschicht) und eine *p-Schicht* (Positivschicht) bilden nach *Abb. 7.3* zwei unterschiedlich dotierte Halbleiterteile, die bei Belichtung zu Potentialfeldern werden.

Die *n-Schicht* verhält sich dann ähnlich wie der Minuspol und die *p-Schicht* wie der Pluspol einer Batterie. Die Spannung und die Leistung der Zelle hängt von der Lichtintensität ab, der die obere Zellenschicht ausgesetzt ist. Bei absoluter Dunkelheit weist die Solarzelle kein Potential auf und kann daher keine elektrische Energie liefern.

Theoretisch spielt es an sich keine Rolle, welche der Zellenschichten als die obere „Sonnenseite" präferiert wird. Auf jeden Fall muss aber die obere Schicht sehr dünn sein (ca. 0,02 mm), denn der funktionell wichtige n/p-Übergang darf nicht zu tief unter der vom Licht bestrahlten Oberfläche liegen.

Die „Sonnenseite" der Zelle wird üblicherweise mit einer zusätzlichen Antireflex-Schicht versehen (z. B. mit Titandioxyd) um Reflektionsverluste zu vermeiden.

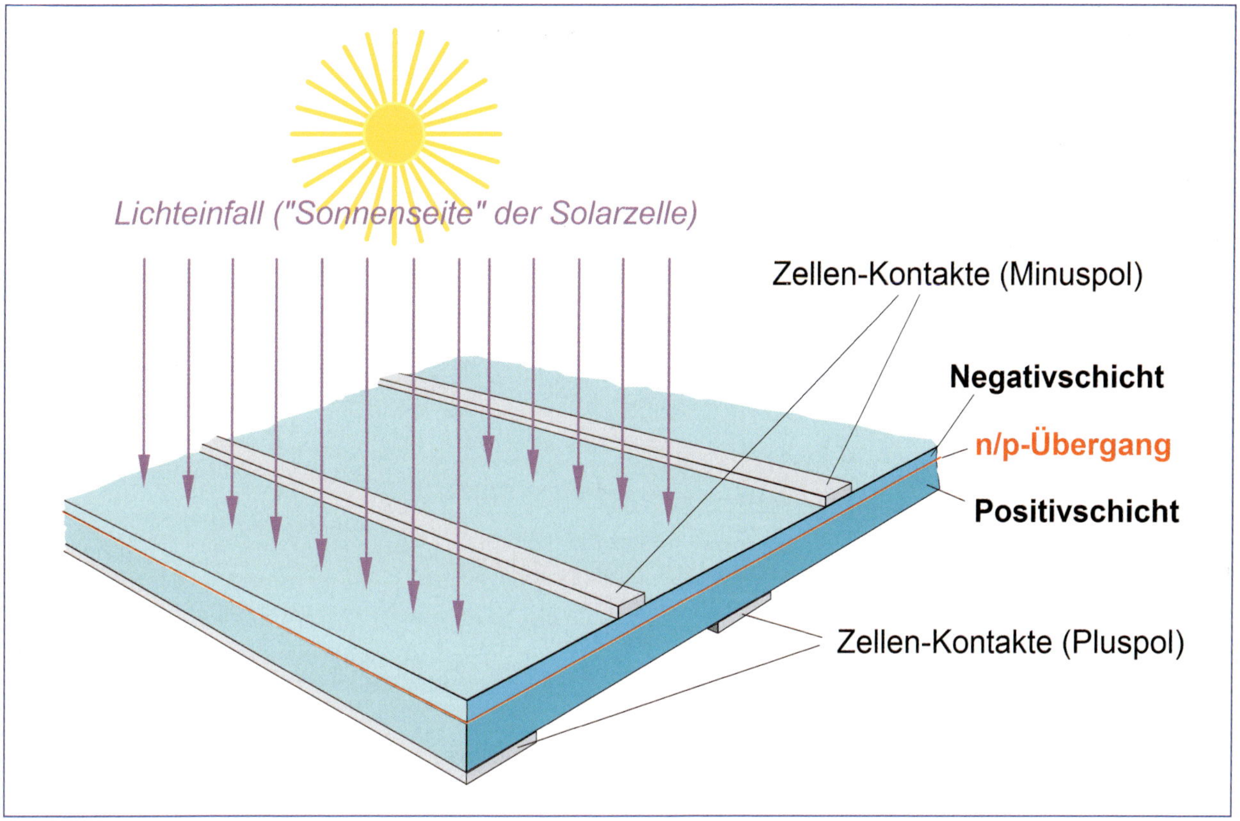

Abb. 7.3 – Der prinzipielle Aufbau einer kristallinen Solarzelle im Schnitt (stark vergrößert)

7.2 Welche Solarzellen sind gut?

Handelsübliche kristalline Solarzellen, die für Dachmodule geeignet sind, gibt es in zwei Ausführungsarten: **monokristalline** Zellen und **polykristalline** (multikristalline) **Zellen**.

Bei der Herstellung von ***monokristallinen*** Zellen werden monokristalline Blöcke „gezogen" und mit etwa 0.5 mm dünnen Diamantsägen (oder Laserstrahlen) wie die Wurst beim Metzger in dünne Scheiben zersägt. Dasselbe monokristalline Grundmaterial wird bereits traditionell in der Halbleitertechnik bei der Herstellung von Dioden, Transistoren und integrierten Schaltungen (Chips) verwendet.

Ausgangsmaterial ist hier Quarzsand oder auch natürliche Quarzkristalle. In einem Ofen wird aus dem Grundmaterial durch Reduktion mit Kohle ein metallurgisch reines Silizium gewonnen. Dieses weist allerdings immer noch etwa 2 % Verunreinigungen auf, die noch durch ein weiteres aufwendiges Verarbeiten (Reduktion mit Salzsäure und Destillation) ausgeschieden werden müssen. Erst danach hat man ein hochreines Silizium zur Verfügung, das jedoch „noch" *polykristallin* ist.

Abb. 7.4 – Module, die mit *monokristallinen* Solarzellen bestückt sind, weisen eine einheitliche bläulich-graue Oberflächenstruktur auf

7.2 Welche Solarzellen sind gut?

Dies bedeutet, dass hier sehr viele kleine ungeordnete Kristalle die eigentliche Substanz des Silizium-Materiales bilden. Wenn man daraus eine monokristalline Struktur haben will, müssen diese polykristallinen „Barren" in einem Tiegel nochmals eingeschmolzen werden und unter langsamem axialen Drehen wird aus dieser Schmelze ein *monokristalliner* „Balken" gezogen. So ein Stab oder Balken besteht danach nur aus einem einzigen Kristall (daher die Bezeichnung *monokristallin*) und kann beispielsweise eine Länge bis zu 2 m haben.

Bei der Herstellung der ***polykristallinen*** Zellen (die manche Hersteller als ***„multikristalline"*** bezeichnen) wird flüssiges Silizium in Stahlformen gegossen. Es bildet nach der Erstarrung die typische marmorisierte Eisblumenstruktur. So entstehen auch hier Siliziumblöcke, die ebenfalls in dünne Scheiben geschnitten werden.

Abb. 7.5 – *Multikristalline* Solarzellen verleihen den Modulen eine eindrucksvoll marmorierte Eisblumen-Struktur, die – je nach Lichteinfall – von blau bis zu silbrig glänzend variiert

Amorphe Dünnschicht-Zellen, die sich – wie bereits an anderer Stelle erwähnt – nur evtl. für experimentelle Zwecke eignen, werden auf die Weise hergestellt, dass auf eine Glas, Kunststoff- oder auf eine plastifizierte Stahlplatte eine nur wenige Tausendstel-Millimeter dünne Siliziumschicht aufgedampft wird.

In den letzten Jahren wurden die Herstellungsverfahren bei kristallinen Zellen weitgehend modernisiert und zum Teil vereinfacht.

So gibt es momentan hersteller- oder lieferantenbezogen so manche polykristalline Solarzellen, die es vom Wirkungsgrad her mit den monokristallinen Zellen aufnehmen können. Das muss nicht immer nur eine Frage des Herstellungsverfahrens, sondern auch einer kundenbezogenen Vorselektion sein.

Trotzdem weisen auch „vorselektierte" Solarzellen gewisse parametrische Unterschiede auf. Bei etwas Glück halten sich die Parameter in Grenzen von 5 %, manche Hersteller geben sogar 10 % an.

Oft hängt die sogenannte „Streuung der technischen Zellenparameter" auch davon ab, ob der eine oder andere Hersteller die Möglichkeit hat, seine „minderwertigeren" Zellen abseits des Standardangebotes abzustoßen.

Auch in teuren Solarmodulen befinden sich ab und zu einige schwächere Solarzellen, die sich auf den Modulen-Ausgangsstrom – und somit auf die Modulen-Ausgangsleistung – „drosselnd" auswirken, wie bereits an anderer Stelle erläutert wurde. Solche Module müssten eigentlich mit der Bezeichnung „minderwertige B-Qualität" verkauft werden, aber in der Praxis wird dies leider nicht so gehandhabt. Es bleibt einfach im Ermessen des Zwischenhändlers (oder Versandhauses), wie – und an wen – er solche minderwertige Module anbietet. Aus diesem Grund ist es von Vorteil, wenn man sich Solarmodule bevorzugt bei einem vertrauenswürdigen örtlichen Anbieter mit schriftlich spezifiziertem Vorbehalt kauft, diese gut prüft und bei Bedarf die ausselektierten Module als „mangelhafte Ware" reklamiert und auf einem Umtausch besteht.

7.3 Wichtige technische Daten einer Solarzelle

Bei Solarzellen – wie auch bei Solarzellenmodulen – basieren alle technischen Angaben auf den bereits anderweitig aufgeführten internationalen Standard-Testbedingungen:

> Sonneneinstrahlung E = 1000 W/m^2
> (oder auch 100 mW/cm^2)
> Zellentemperatur Tc = 25 °C
> Spektralverteilung AM = 1,5

Das sind Bedingungen, die in Deutschland überwiegend nur an sonnigen Sommertagen vorzufinden sind. Allerdings kann es sogar auch im Dezember oder im Januar um die Mittagszeit sonnige Tage geben, an denen die Sonneneinstrahlung nur geringfügig unterhalb der Testbedingungen liegt.

Die Herstellerangaben der Zellenparameter beziehen sich auf diese technischen **Maximumwerte**, die oft auch als „**Nennwerte"** bezeichnet werden. Manche Hersteller und Anbieter benutzen auch noch die Bezeichnung „**Werte bei max. Leistung"**. Alle diese Bezeichnungen haben dieselbe Bedeutung und basieren auf Messungen, die also *nur unter optimalen Bedingungen* theoretisch erreicht werden können, wenn es die Spannungs- und Leistungsverluste durch betriebsbedingte interne Erwärmung der Zellen nicht geben würde.

Die wichtigsten technischen Daten einer Solarzelle sind:

a) Nennspannung (Spannung bei max. Leistung)
b) Nennstrom (Strom bei max. Leistung)
c) Nennleistung (max. Leistung)

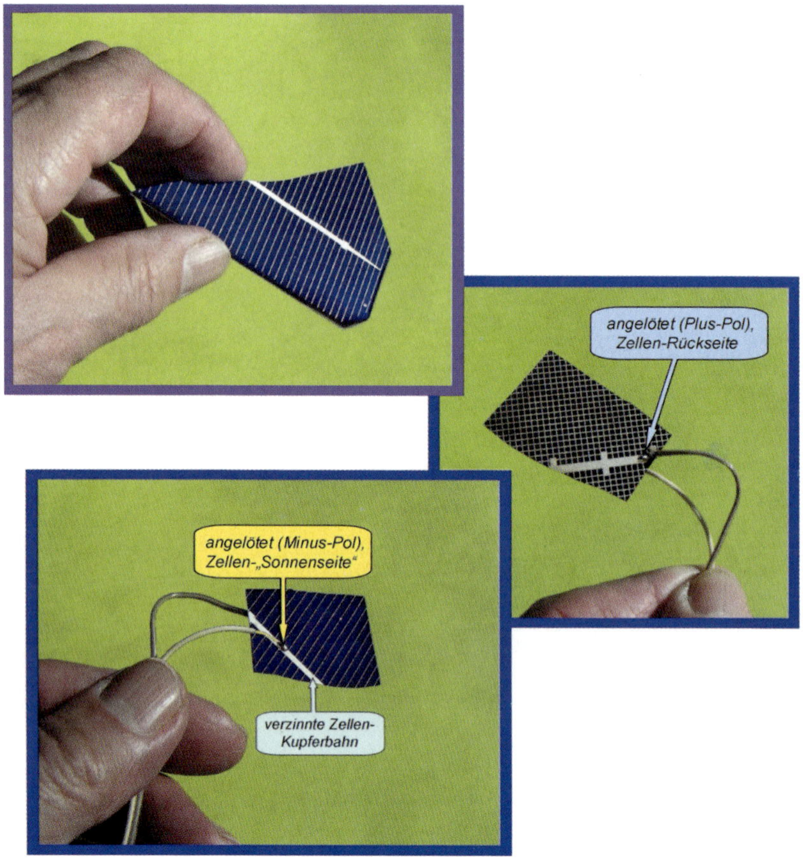

Abb. 7.6 – Auch beliebig kleine Zellen-Bruchstücke bleiben als Energiequellen voll intakt: die zwei Anschlüsse (der Pluspol und der Minuspol) werden jeweils an einer beliebigen Stelle an die Zellen-Kupferbahnen der Vorder- und der Rückseite angelötet. Der maximale Nennstrom eines solchen Bruchstückes hängt dann jeweils von der Größe der Zellenfläche ab und lässt sich proportional von dem offiziellen max. Nennstrom der ganzen Zelle „flächenbezogen" umrechnen

d) Leerlaufspannung
e) Kurzschluss-Strom
f) Wirkungsgrad

Die **Nennspannung** liegt bei monokristallinen Zellen zwischen etwa 0,46 und 0,48 Volt (V) und bei polykristallinen bei etwa 0,45 bis 0,46 Volt. Sie ist ansonsten ziemlich unabhängig von der Zellengröße. Wird beispielsweise eine Zelle wie das Eis auf einer Pfütze zertreten, werden alle ihre Bruchstücke weiterhin annähernd dieselbe Spannung liefern, die ursprünglich die ganze Zelle hatte (nur bei sehr kleinen Zellen-Bruchstücken kann die Spannung um ca. 0,01 bis 0,02 Volt niedriger sein).

Der **Nennstrom** einer Solarzelle hängt von ihrer Größe wie auch von ihrem Wirkungsgrad ab. Viele handelsüblichen Solarzellen haben eine Solarfläche von nur etwa 1 dm^2 (100 cm^2) und ihr Nennstrom liegt bei etwa 2,9 A bis 3,3 Ampere (A) – was markenabhängig variiert. Die momentan größten Zellen-Abmessungen liegen bei ca. 150 x 150 mm. Solche Zellen können dann einen Nennstrom von über 5 A liefern.

Die **Nennleistung** wird bei allen Solarzellen als reine Multiplikation der *Nennspannung* mit dem *Nennstrom* errechnet *(Nennspannung [Volt] x Nennstrom [Ampere] = Nennleistung [Watt])* und benötigt keine nähere Erklärung. Diejenigen, die mit solchen Umrechnungen berufsbezogen nicht gerade täglich konfrontiert werden, können sich diese Formel als eine Variante zu der Berechnung einer Fläche merken: Die Länge, multipliziert mit der Breite ergibt die Fläche.

Sehr erklärungsbedürftig ist die **Leerlaufspannung**. Darunter versteht sich die Spannung an einer unbelasteten Zelle.

Bei den meisten kristallinen Zellen ist die Leerlaufspannung typenabhängig etwa 23 % bis 26 % höher als die Nennspannung. In der Praxis wird man mit einer Art „Leerlaufspannung" konfrontiert, wenn z. B. eine leere unbelastete Batterie eine gewisse Spannung am Voltmeter anzeigt, die sich jedoch nur als eine „Scheinspannung" erweist, solange keine Belastung angeschlossen wird. Eine ähnliche Verhaltensweise trifft bei einer Solarzelle unter Umständen auch zu.

Die **Leerlaufspannung** ist zwar als solche technisch nicht direkt brauchbar, weist jedoch sowohl auf die obere Spannungsgrenze als auch auf den Spannungsbereich einer optimal bestrahlten Solarzelle hin, der logischerweise zwischen der *Nennspannung* und der *Leerlaufspannung* liegt. Dieser Spannungsbereich hat zwar bei einer direkten Stromversorgung keinen besonderen technischen Stellenwert, ist aber beim Laden von Akkumulatoren oder anderen Energiespeichern (darunter Speicher-Kondensatoren) von Bedeutung. Zudem stellt die Leerlaufspannung unter Umständen eine potentielle Gefahrenquelle bei *nicht belasteten* (nicht angeschlossenen) Solarmodulen-Ketten dar.

Der **Kurzschluss-Strom** ist bei den meisten kristallinen Zellen nur etwa 6 % bis 12 % höher als der Nennstrom. Ein *vorübergehender* Kurzschluss an einer Solarzelle, an einem Solarzellenmodul oder am Ausgang einer Modulen-Kette führt demzufolge nicht zu deren Vernichtung oder Beschädigung – vorausgesetzt, wir geben den Zellen nicht die Zeit, dass sie sich zu sehr aufheizen. Eine kahle Solarzelle verkraftet üblicherweise Temperaturen zwischen ca. – 40° C und + 125° C und kann daher sogar zu einer Art Kochplatte werden, ohne dass sie dadurch beschädigt wird.

Bei eingebetteten Zellen im Modul kann jedoch bei zu intensiver Wärmeentwicklung die Vergussmasse in Mitleidenschaft gezogen werden, was zu Blasenbildung, Schleierbildung oder Verfärbung der Masse führen kann.

Der in den technischen Daten angegebene Kurzschluss-Strom

7.3 Wichtige technische Daten einer Solarzelle

Fazit

Durch den relativ niedrigen Kurzschluss-Strom kann eine Solarzelle (bzw. ein Solarzellen-Modul) bei einem Kurzschluss nur dann beschädigt oder vernichtet werden, wenn sie z. B. längere Zeit einer vollen Sonneneinstrahlung von 1000 W/m² ausgesetzt ist.

kommt natürlich nur bei einer Zelle vor, die laut Testbedingungen voll beleuchtet ist. Wenn dagegen die Sonneneinstrahlung beispielsweise nur etwa 850 W/m² statt 1000 W/m² erreicht, liegt der Kurzschluss-Strom bereits unterhalb des tabellarischen Zellen-Nennstromes und die Zelle wird sich in dem Fall bei einem Kurzschluss nicht mehr aufheizen als während eines Normalbetriebs bei voller Leistungsabgabe.

Der **Solarzellen-Wirkungsgrad** wird auch als **Umwandlungs-Wirkungsgrad** bezeichnet, weil er angibt, wieviel Prozent der einwirkenden Strahlungsenergie (Energie der Sonnenstrahlen) in der Form von elektrischer Leistung abgegeben wird.

Wie bereits im Kapitel 4 erwähnt wurde, weisen die modernsten handelsüblichen Solarzellen herstellerabhängig gegenwärtig folgenden Wirkungsgrad auf:

a) monokristalline Solarzellen: ca. 13–16 %
b) polykristalline Solarzellen: ca. 10,6–15 %
c) amorphe Silizium-Dünnschichtzellen: ca. 3–8 %

Wenn bei einer Solarzelle keine Nennleistung angegeben ist, kann sie durch einfaches Multiplizieren der Nennspannung (nicht der Leerlaufspannung!) mit dem Nennstrom ausgerechnet werden.

Der Wirkungsgrad der mono- und polykristallinen Solarzellen bleibt während der ersten 20 Betriebsjahre annähernd unverändert (was sich jedoch auf kahle Zellen, nicht aber automatisch auch auf Solarzellenmodule bezieht).

Inwieweit bei den kristallinen Solarzellen der Wirkungsgrad eine wichtige Rolle spielt, hängt vor allem von dem Einsatzgebiet ab. Im Grunde genommen muss hier dem Wirkungsgrad nicht immer ein zu hoher Stellenwert zugeordnet werden. Man braucht nur darauf hinzuweisen, dass unsere normalen Glühbirnen sozusagen in der Gegenrichtung nur einen Wirkungsgrad um die 4 bis 5 % aufweisen (95 bis 96 % der verbrauchten Energie wandeln sie in Wärme und nur die restlichen 4 bis 5 % in Licht um).

Bei aufwendigeren Anwendungen wäre es natürlich von Vorteil, wenn aus einer Solarzelle pro Quadratmeter Fläche etwas mehr als die bisherigen „tatsächlichen" 110 bis ca. 160 Watt an elektrischer Energie (bestenfalls) zu holen wären. Bei vielen Einsatzgebieten spielt aber die eigentliche Solarzellen-Flächengröße keine allzu große Rolle. Wichtiger ist hier eher das Preis/Leistungsverhältnis.

Im Gegensatz zu anderen technischen Anlagen und Maschinen ist der Solarzellen-Umwandlungswirkungsgrad keine Konstante, mit der sich bei Nutzung der Sonnenenergie fest rechnen ließe. Es kann ja nur dann umgewandelt werden, wenn die Sonne – oder zumindest genügend Tageslicht – vorhanden ist.

Beispiel

Die Nennspannung einer Solarzelle beträgt 0,46 Volt [V], der Nennstrom 3 Ampere [A]. Ihre Nennleistung beträgt demnach 0,46 V x 3 A = 1,38 Watt. Wenn die Abmessungen dieser Zelle genau 100 x 100 mm betragen, ergibt es eine Zellenfläche von 1 dm² und der Wirkungsgrad wäre hier genau 13,8 %. Sollte beispielsweise diese Zelle bei derselben Leistung Abmessungen von 105 x 105 mm haben, ergibt sich daraus eine Zellenfläche von 1,07 dm² und der Wirkungsgrad liegt dann nur bei ca. 12,9 %.

7.3 Wichtige technische Daten einer Solarzelle

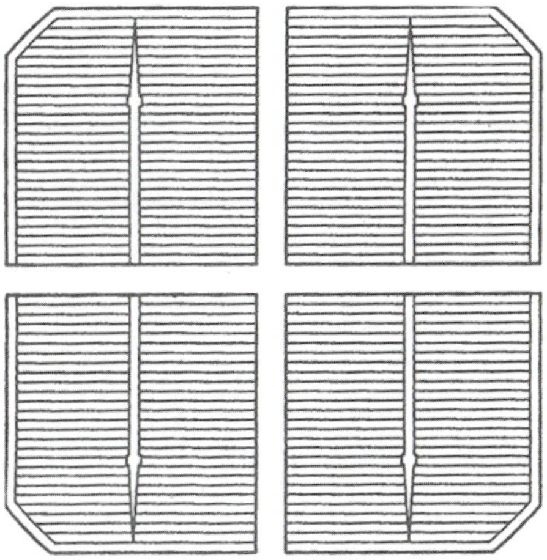

Abb. 7.7 – Solarzellen können bei Bedarf mit Diamantsägen oder mit Laserstrahlen wie ein Kuchen in kleinere „Portionen" geteilt werden (die Zellenspannung bleibt danach unverändert, der Zellenstrom sinkt proportional mit der Zellen-Oberfläche)

Die launische Natur hält sich dennoch in längeren Zeitabschnitten an ein Schema, mit dem sich kalkulieren lässt. Man muss dabei nur die richtigen Schnittstellen zwischen dem Spendenumfang der Natur und dem Energiebedarf der technischen Verbraucher finden. Dabei dürfte Ihnen dieses Buch behilflich sein.

Solarzellen werden herstellerbezogen nur in einheitlichen Standardgrößen erzeugt, lassen sich aber (nach Abb. 7.7) mit Hilfe von Diamantsägen oder mit einem Laserstrahl in beliebig kleine Stücke schneiden – was für die Herstellung von kleineren Solarmodulen angewendet wird.

Bemerkung

Die angegebenen Wirkungsgrad-Grenzen der aufgeführten Zellentypen orientieren sich in unseren Publikationen an den jeweiligen Angeboten auf dem Weltmarkt wie auch an den neuesten Datenblättern der Hersteller bzw. der Anbieter.

Sowohl durch Unterschiede in der Herstellungstechnologie als auch durch unterschiedliche Auffassung der verkaufsfördernden Angaben ergeben sich hersteller- oder anbieterbezogene Wirkungsgrad-Unterschiede bei derselben Zellenart.

Durch diese Schwankungen werden auch die in der Fachliteratur angegebenen aktuellen Solarzellen-Wirkungsgradgrenzen immer etwas variieren und sind daher nicht als absolute Festwerte, sondern nur als Richtwerte zu betrachten. Mit solchen Richtwerten ist es vor allem bei der Herstellung von Solarzellenmodulen sehr kritisch, denn jedes Modul besteht aus einer Kette von einzelnen Solarzellen, bei der die schwächste Zelle (als das schwächste Glied der Kette) die maximale Leistung des Moduls mitbestimmt.

Der Kunde kann nur in seltensten Fällen die technischen Zellenparameter der ihm gelieferten Solarmodule überprüfen, denn dies lässt sich optimal nur bei einer künstlich angelegten Beleuchtung bewerkstelligen. Wer kann denn schon eine Lichteinstrahlung von 1000 W/m^2 technisch perfekt simulieren?

Das Einzige, was auf diesem Gebiet kontrolliert werden kann, ist die Ausgewogenheit der technischen Parameter durch den Vergleich der Ausgangsspannung der belasteten Module, die z. B. an einem sonnigen Tag an einzelnen Modulen gemessen werden kann, wie bereits im Kapitel 4.7 beschrieben wurde.

7.4 Licht-/Leistungsverhältnis der Solarzellen

Zu den wichtigsten spezifischen Eigenheiten aller Solarzellen gehört ihr naturabhängiges Verhalten, das aus dem Rahmen aller anderen herkömmlichen Stromquellen fällt. Durch Einhalten aller Grundregeln können wir zwar der Solarzelle optimale Vorbedingungen verschaffen, aber der allerwichtigste Faktor – die Sonnenscheinintensität – entzieht sich unserem Einfluss.

Für praktische Überlegungen dürfte ausreichen, wenn wir einfachheitshalber annehmen, dass die Nennleistung einer Solarzelle ziemlich „gleitend" mit der Sonnenintensität zunimmt oder abnimmt. Genau genommen ist es nur der **Solarstrom**, der *linear* von der Sonnenintensität abhängt. Einfach formuliert: Sinkt die Sonnenintensität um die Hälfte, sinkt auch der Strom, den eine belastete Solarzelle bzw. ein belastetes Solarzellenmodul liefern, um die Hälfte. In etwa um die Hälfte sinkt dabei auch die Zellen- bzw. Modulen-**Ausgangsspannung**. Dies hat allerdings rechnerisch zufolge, dass dadurch die **Solarleistung** (in Watt) nicht ebenfalls auf die Hälfte, sondern auf ungefähr ein Viertel sinkt.

In der Praxis müssen wir uns mit derartigen Rechnungen nicht das Leben komplizieren. Es ist aber gut zu wissen, dass die Leistung einer Solarzelle – oder einer Solarzellenfläche – bei sinkender Sonnenbestrahlung wesentlich schneller sinkt, als man rein gefühlsmäßig erwarten würde. Und da gerade bei der Nutzung der Sonnenenergie das Gefühl – vor allem das Gefühl für die Natur und ihre Eigenheiten – einen hohen Stellenwert hat, müssen auch die Proportionen der Spenden der Natur richtig eingeschätzt werden.

Für solche Einschätzungen gibt es leider keine Formeln, keine Grafiken und nach den lausigen Wetter-

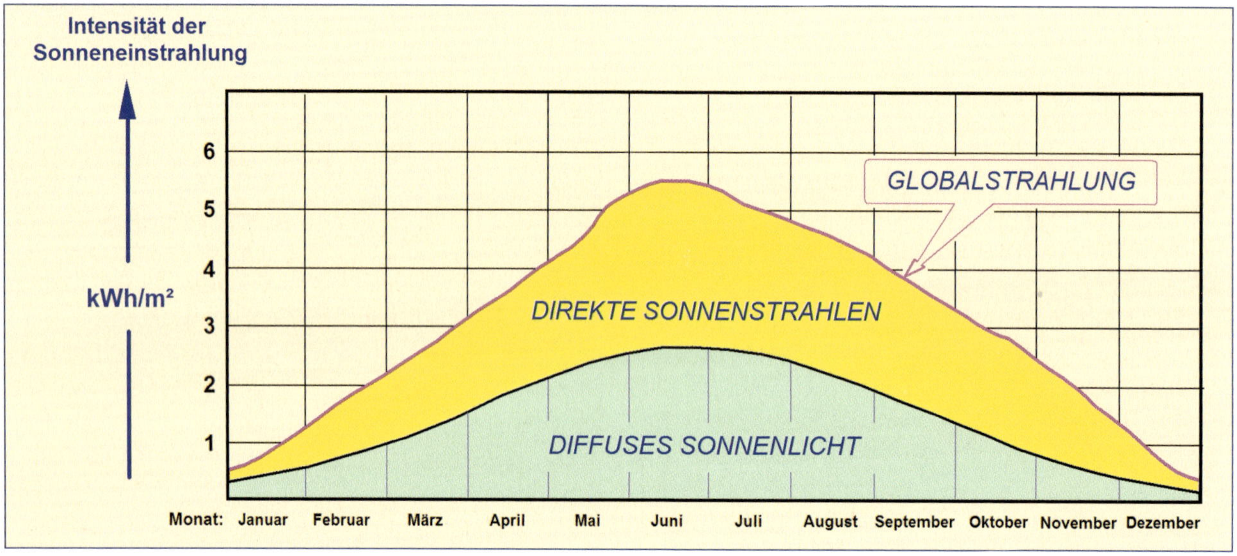

Abb. 7.8 – Die Solarenergie, die Solarzellen in elektrischen Strom umwandeln kann, setzt sich aus der direkten Sonneneinstrahlung und aus dem diffusen Sonnenlicht zusammen. Das Verhältnis beider „Energieflächen" hängt u. a. von dem jeweiligen Einstrahlungswinkel der direkten Sonnenstrahlen – und bei einem fest installierten Modul somit auch von der tageszeitabhängigen Strahlungsdichte ab

vorhersagen der Meteorologen kann man sich auch nicht richten. Und selbst wenn man jahrelang die sonnigen Tage und Stunden sorgfältig notiert (wie wir es im Zusammenhang mit den Entwicklungen für unsere Fachbücher machen), lassen sich daraus keine exakten Prognosen der Sonnenenergie-Ausbeute erstellen, denn jedes Jahr ist anders.

Das Einzige, was bisher einigermaßen zutrifft, ist die Reihenfolge der aufeinander folgenden Jahreszeiten. Zumindest theoretisch. Oft bringt aber auch hier die Natur etliches durcheinander: Das Frühjahr wandelt sich plötzlich in den Winter um, der Sommer ist manchmal so kurz, dass man denken könnte, diese Jahreszeit wurde als eine Art „Öko-Einsparung" wegrationalisiert oder als Solidaritätsbeitrag an irgendwelche andere Länder verschenkt.

Auch aus diesem Grund sollte das Licht-/Leistungsverhältnis der Solarzellen – und somit auch die Nutzung der Sonnenenergie – als eine flexible Angelegenheit eingestuft werden, zu der man eine wesentlich spielerischere Beziehung ausbauen muss als zu der Nutzung des herkömmlichen Stromanschlusses.

Da jedoch bei einer netzgekoppelten fotovoltaischen Anlage der benötigte Strom im Hausnetz sowieso jederzeit und in jeder erforderlichen Menge vorhanden ist, braucht man sich nicht zu ärgern, wenn sich die Solarzellen eine Zeitlang quasi wie tot stellen.

Es ist aber gut zu wissen, dass die Solarzellen am Dach von dem Wechselrichter schon ab den Moment nicht mehr wahrgenommen werden, in dem die Solarspannung unter ein Minimum sinkt, das der Wechselrichter noch in die Netzspannung umwandeln kann.

In der Fachliteratur wird oft darauf hingewiesen, dass die Belichtung einer im Freien installierten Solarzelle einerseits aus der direkten Sonnenbestrahlung und anderseits aus dem sogenannten diffusen Licht besteht. Unter dem Begriff diffuses Licht (nach Abb. 7.8) versteht sich die Summe von verschiedensten Lichtreflektionen und der Sonnenlicht-Streuung in der Atmosphäre. Dieser Teil der Sonnenenergie kommt aus allen Richtungen und hängt nur geringfügig von der jeweiligen Position der Sonne ab.

Dem diffusen Licht ist zwar rein theoretisch oft mehr als die Hälfte der durchschnittlichen Jahresausbeute der Solarzellen zu verdanken. Ohne eine Beimischung von zusätzlicher Sonnenbestrahlung (die auch durch „dünnere" Wolken an die Zellen vordringt) ist jedoch das diffuse Licht an sich meist zu schwach, um eine *praktisch brauchbare* Solarzellenspannung zu bewirken. Als Ausnahme dürfte das Nachladen von kleineren Akkus oder Speicher-Kondensatoren erwähnt werden, die sich auch mit einem sehr niedrigen Ladestrom zufrieden geben, bei dem sich die Leerlaufspannung der Solarzellen nutzen lässt.

Die Solarzellenleistung ist nicht nur von der eigentlichen Intensität der Sonnenstrahlen, sondern auch von ihrem Einfallswinkel abhängig. Je senkrechter hier die Photonen die Zellenfläche bombardieren, desto geringer sind die Verluste durch Reflektionen und desto höher ist – auch geometrisch bedingt – die Strahlungsdichte.

Die eigentliche Solarzellenoberfläche wird zwar von den meisten Herstellern mit einer Antireflektionsschicht versehen, aber die im Modul einlaminierten Zellen sind noch mit einer Glas- oder Kunststoffscheibe abgedeckt, deren Reflektionseigenschaften für die Endleistung mitbestimmend sind.

Ein gewisses Dilemma besteht dabei darin, dass entspiegelte Materialien zwar geringfügiger reflektieren, aber optisch bedingt wiederum auch eine etwas niedrigere Lichtdurchlässigkeit aufweisen. Somit bleibt es immer nur bei einem Kompromiss, über den sich jedoch nur die Solarzellen- und Solarmodulenhersteller und nicht die Anwender ihre Köpfe zerbrechen müssen.

7.5 Temperaturabhängigkeit der Solarzellen

Wie alle anderen Silizium-Halbleiter weisen auch die modernsten Silizium-Solarzellen eine gewisse Temperaturabhängigkeit auf. Die Testtemperatur von 25 °C bildet hier eine Art Kreuzpunkt, an dem sich sozusagen alle Wege trennen: Der Zellenstrom nimmt mit zunehmender Temperatur zu, die Spannung nimmt dagegen derartig prägnant ab, dass die Leistung ebenfalls mit zunehmender Temperatur abnimmt. Interessant dabei ist, dass hier alle Abhängigkeiten linear verlaufen.

Diese Temperaturabhängigkeit hat in der Praxis zufolge, dass die *Nennleistung* der Solarzellen – und somit auch der Solarmodule – an heißen Sommertagen bis um etwa 25 % unterhalb des theoretischen Nennwertes sinken kann (zumindest dann, wenn sie sich durch den kräftigen Sonnenschein bei voller Belastung ziemlich schnell auf ca. 65 °C aufwärmen). Auf diesen Aspekt wird üblicherweise kaum hingewiesen, obwohl er für die Planungsüberlegungen – und vor allem für die Berechnung

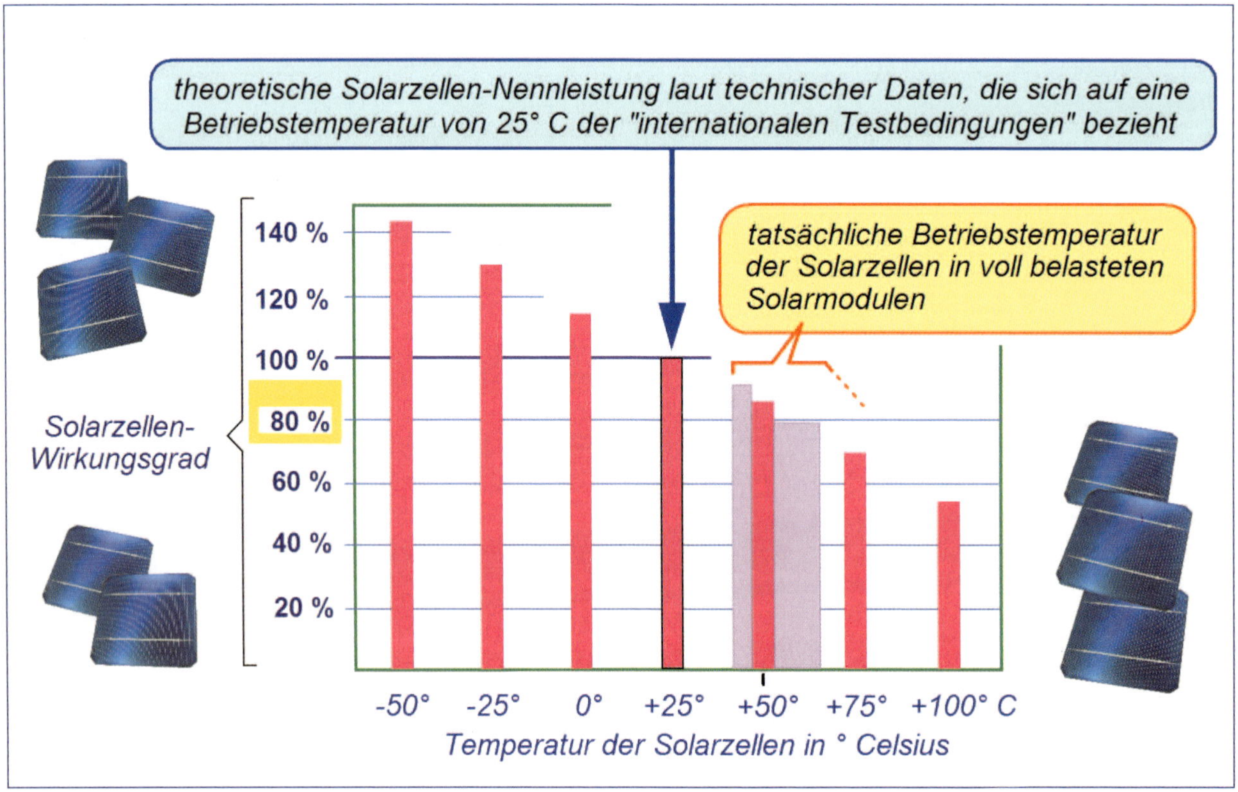

Abb. 7.9 – Die tatsächliche Betriebstemperatur von belasteten Solarzellen ist in der Praxis wesentlich höher, als die – laut „internationalen Testbedingungen" – angegebenen 25° C. Demzufolge erreicht auch die tatsächliche elektrische Ausgangsleistung voll belasteter Solarmodule nicht die volle Höhe der theoretischen Nennleistung, die sich auf eine hypothetische Zellen-Betriebstemperatur von 25° C beziehen, denn der Zellen-Wirkungsgrad sinkt (leider) mit zunehmender Temperatur

Abb. 7.10 – Bei Solarzellen in flexiblen Modulen kann das Autodach als Kühlkörper fungieren

der Jahresausbeute – einen wichtigen Stellenwert hat und in dieser Hinsicht ein unsympathisches Dilemma darstellt: Je kräftiger die Sonne strahlt, um so mehr wärmen sich die Solarzellen auf, wodurch ihre Leistung wiederum sinkt.

Theoretisch steigt wiederum mit sinkender Temperatur (ebenfalls linear) die elektrische Zellen-Nennleistung. Bei –15 °C liefern kristalline Solarzellen bis zu etwa 25 % mehr Leistung (in Watt) als bei + 25 °C, auf die sich die offiziellen Zellen-Nennwerte beziehen. Praktisch wärmen sich jedoch voll belastete Solarzellen (in Solarmodulen) auch bei Minus-Temperaturen ziemlich auf.

Abhängig von der jeweiligen Kühlung (Windstärke und Windrichtung) wärmen sich die Solarzellen in Dachmodulen bei voller Belastung und bei höherer Abgabeleistung (= bei stärkerem Sonnenschein) auch im Winter oft zumindest auf die + 25 °C auf. Somit kann nicht damit gerechnet werden, dass ihre Nennleistung während der eisigen Wintermonate durch den Kälteeinfluss erheblich höher wird, als die theoretischen

7.5 Temperaturabhängigkeit der Solarzellen

Testbedingungen – die ebenfalls von den + 25 °C-Arbeitstemperatur ausgehen – voraussehen.

Hypothetisch müsste man die Solarmodule zusätzlich kräftig kühlen, um die Leistungsverluste durch Aufwärmen zu mindern. In der Praxis geben sich die Modulenhersteller damit zufrieden, dass sie eine Montage empfehlen, bei der die Modulen-Rückseite (Unterseite) einen Abstand von ca. 20 bis 50 mm von der Dachhaut haben sollte. Je steiler das Dach, desto kleiner darf der Lüftungsabstand sein.

Auf den Lüftungsabstand kann evtl. verzichtet werden, wenn z. B. ein flexibles Modul direkt auf ein wärmeleitendes Autodach (Wohnmobildach) vollflächig nach *Abb. 7.10* angeleimt wird. Diese Lösung eignet sich allerdings nicht für Anwendungen, bei denen am stehenden Fahrzeug vom Solarzellenmodul auch z. B. während der sommerlichen Mittagshitze die volle Leistung erwartet wird. Das Autodach wird ja unter Umständen von der Sonne derartig aufgeheizt, dass es keinesfalls als Kühlkörper für die Solarzellen dienen kann.

8 Berechnung des Jahresertrags

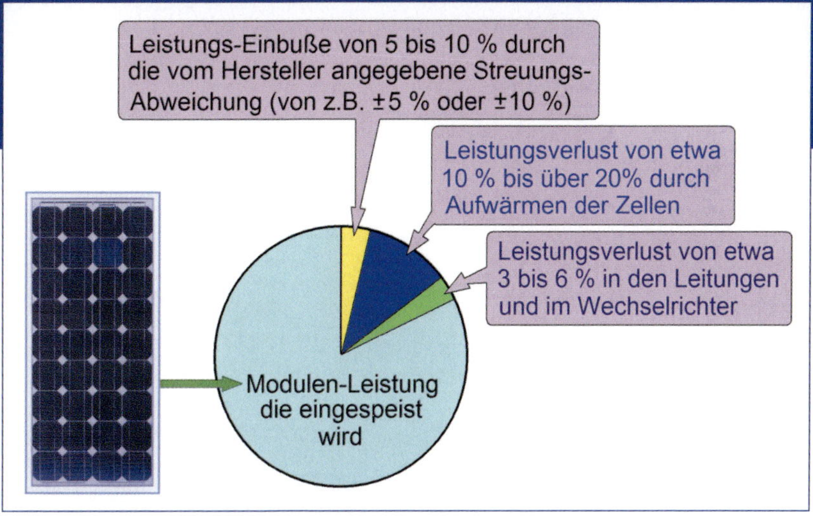

Abb. 8.1 – Die tatsächliche energetische Ausbeute eines Solarmoduls ist durch Verluste immer viel niedriger, als es den offiziellen technischen Daten entspricht

Bei solarthermischen Anlagen ist es mit einer brauchbaren vorhergehenden Berechnung des Jahresertrags sehr schwierig bzw. kaum möglich (siehe hierzu auch Kapitel 3.1). Dies vor allem bei Anlagen, die sich beim Aufwärmen des Wassers im Warmwasserbehälter ihre Aufgabe mit dem herkömmlichen Öl- oder Gasheizkessel teilen, wobei der jeweilige solarthermische Bei-

8 Berechnung des Jahresertrags

trag nicht eindeutig separat ermittelt werden kann.

Bei **solarelektrischen** Anlagen (Fotovoltaik-Anlagen) ist es mit der Berechnung der Jahresausbeute dagegen wesentlich einfacher. Schon deshalb, weil die Leistung des elektrischen Stroms (und somit auch des Solarstroms) messbar, nachvollziehbar und zudem auch eindeutig definierbar ist.

Wenn ein Solarzellen-Modul beispielsweise nach *Abb. 8.1* für eine bestimmte *Nennleistung* (Maximale Leistung) ausgelegt ist, darf man davon ausgehen, dass es bei einer optimalen Bestrahlung diese Leistung auch zumindest annähernd aufbringen wird. Laut Herstellerangaben darf allerdings die Modulen-Leistung im Rahmen von ca. ± 5 % (bei machen Herstellern bis zu ± 10 %) von dem offiziellen Nennwert abweichen.

Eine Leistungsabweichung in die positive Richtung ist bei so einem Solarmodul im Prinzip kaum zu erwarten, denn dies würde voraussetzen, dass alle Solarzellen im Modul entsprechende „Plus-Abweichungen" im individuellen Nennstrom aufweisen.

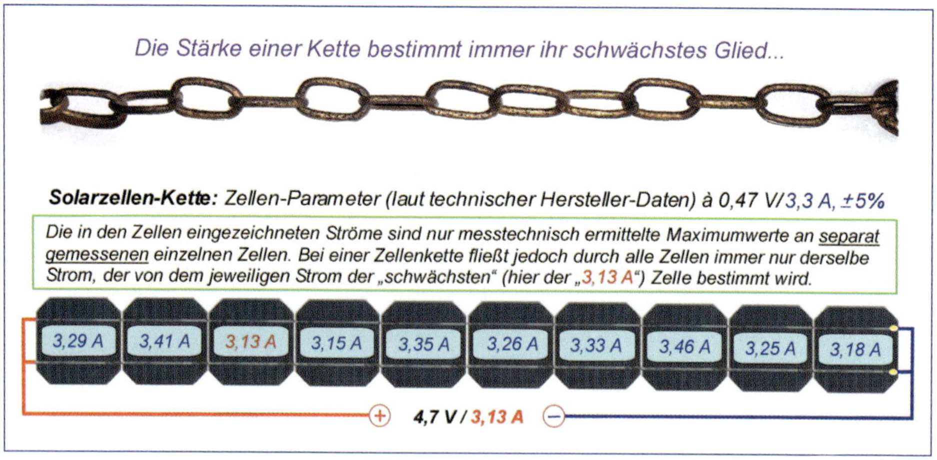

Abb. 8.2 – Der tatsächliche maximale Nennstrom, den eine Zellenkette liefern kann, wird durch die schwächste Zelle bestimmt, die z. B. in einem Solarmodul durch die Herstellungsstreuung in der Zellenreihe den niedrigsten Strom aufbringt

Monat:	Tagesertrag pro 1 qm Solarmodulenfläche:	Ertrag pro Monat pro 1 qm Solarmodulenfläche:
Januar	126 Wattstunden	3 906 Wattstunden
Februar	240 Wattstunden	6 780 Wattstunden
März	360 Wattstunden	11 160 Wattstunden
April	510 Wattstunden	15 300 Wattstunden
Mai	575 Wattstunden	17 825 Wattstunden
Juni	775 Wattstunden	23 250 Wattstunden
Juli	763 Wattstunden	23 653 Wattstunden
August	588 Wattstunden	18 228 Wattstunden
September	498 Wattstunden	14 940 Wattstunden
Oktober	308 Wattstunden	9 548 Wattstunden
November	150 Wattstunden	4 500 Wattstunden
Dezember	105 Wattstunden	3 255 Wattstunden
Jahresertrag pro 1 qm Solarmodulenfläche: 152 345 Wattstunden (= 152,3 kWh)		

Tabelle 8.1 – Durchschnittlicher Energie-Ertrag der modernen kristallinen Solarmodule

8 Berechnung des Jahresertrags

Mit anderen Worten: Eine einzige Solarzelle im Modul – bzw. in einer ganzen Modulenkette – kann zwar den maximalen Ketten-Nennstrom „nach unten ziehen", aber eine einzige hervorragende Solarzelle im Modul hat auf die „Ausgangs-Nennleistung" keinen Einfluss. Sie verdirbt zwar nichts, aber bringt auch nichts, denn – wie bereits im Kapitel 4 erläutert wurde – ist aus dieser Sicht für die Qualität einer jeden Kette nur ihr schwächstes Glied bestimmend. Das kann bei einer Modulen-Kette beispielsweise eine von 36 bis 60 Solarzellen pro Modul sein, bzw. eine von z. B. **550** Solarzellen in einer Dachmodulen-Kette (die z. B. aus zehn Modulen besteht).

In der Praxis ist es nicht so einfach, die jeweilige Intensität der Sonneneinstrahlung zu messen und zu protokollieren. Es gibt zwar zu diesem Zweck etliches Spezialzubehör, das neben einem Außensensor für die laufende Messung der Sonnenstrahlungs-Intensität auch noch weitere Messgeräte und Software beinhaltet. Auch eine grafische Darstellung auf dem Bildschirm eines PCs oder Fernsehers ist bei manchen dieser Systeme möglich. Eine derartige Ausstattung ist jedoch kostspielig und nur für echte „Technik-Fans" geeignet.

Abgesehen davon ist es bei derartigen Projekten wichtig, dass man bereits im Planungsstadium alles optimal durchdenkt und so vorbereitet, wie es in den vorhergehenden Kapiteln empfohlen wurde. Fehlplanungen, die als solche erst bei einer bereits installierten Fotovoltaik-Anlage „entlarvt" werden, lassen sich oft nur mit erheblichem Aufwand und Kosten beheben – falls man sich damit nicht einfach abfindet.

Wieviele Stunden in den nächsten Monaten und Jahren die Sonne ausreichend kräftig scheinen wird, ist nicht berechenbar. Im Prinzip könnte da eigentlich nur ein Wahrsager helfen. Eine relativ brauchbare Information können an Stelle eines Wahrsagers die sogenannten „Erfahrungswerte" bieten, die in den vergangenen Jahren angesammelt wurden. Sie ergeben trotz allen Schwankungen ein brauchbares Bild über die Sonnenstrahlen-Spenden, die für die Prognosen des Jahresertrages als informative Richtwerte angewendet werden dürfen.

In den Prospekten diverser Anbieter von Fotovoltaik-Anlagen finden sich oft Informationen über die erzielbare Jahresausbeute der Solarenergie, die häufig „verkaufsfördernd" geschönt sind und daher als Grundlage für seriöse Kalkulationen nur bedingt taugen.

Wir haben daher im Rahmen unserer internen Entwicklungs- und Forschungsarbeiten eigene objektive Daten gesammelt und ausgewertet. Daraus ergibt sich eine relativ brauchbare Tabelle *8.1,* die sich auf die erzielbare Tagesausbeute an den Solarmodulen *in der geografischen Mitte* der Bundesrepublik Deutschland bezieht und die zumindest annähernd als eine Indizien-Basis bei der Größenordnung für Planungsüberlegungen dienen kann.

Gebiets- und lagenbezogen werden allerdings solche Werte variieren und sie hängen zudem selbstverständlich auch davon ab, inwieweit sich so ein „statistisches" Schema der „sonnenreichen" Tage in den nächsten Jahren wiederholen wird. In südlicher liegenden Gebieten – darunter in Süddeutschland, in Österreich, in der Schweiz usw. – kann die Tagesausbeute um etwa 5 bis 10 % höher, in Norddeutschland dagegen um bis zu etwa 5 % tiefer liegen. Zumindest hypothetisch.

Die hier angegebene Tagesausbeute pro Quadratmeter Solarmodulenfläche bezieht sich auf die Solarenergie, die von Solarmodulen mit einem **Wirkungsgrad ab ca. 13,5** bis **14 %** ausgangsseitig (an ihren Anschlussklemmen) geliefert wird.

Bei netzgekoppelten Anlagen verringert sich die Ausbeute um Verluste, die in dem Wechselrichter und in den Zuleitungen (darunter auch

8 Berechnung des Jahresertrags

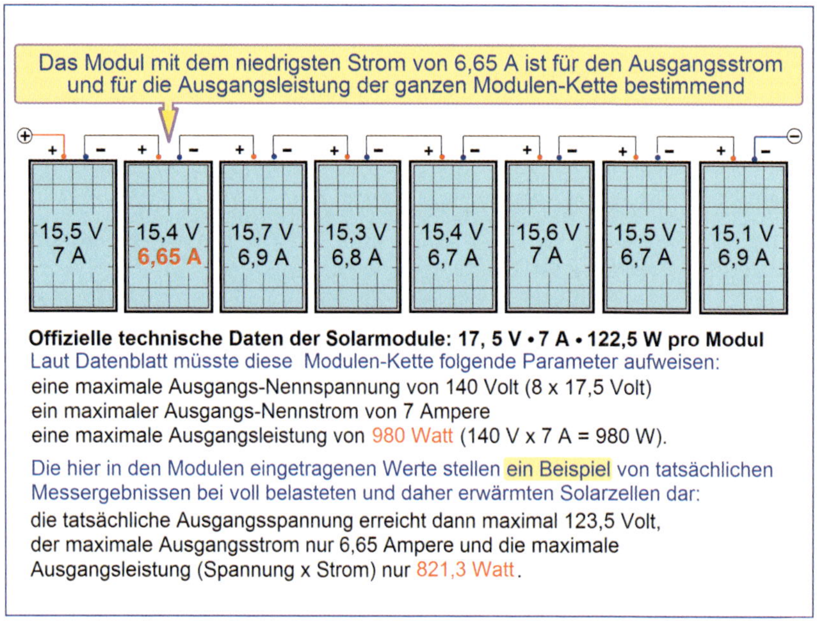

Abb. 8.3 – Die tatsächliche Ausgangs-Nennleistung einer Modulen-Kette weicht von der theoretischen Nennleistung meistens nur „nach unten" ab, was durch eine einzige Solarzelle in einem der Module verursacht werden kann (denn eine einzige „schwache" Zelle bestimmt den maximalen Solarstrom des Moduls – und somit der ganzen Modulen-Kette)

an evtl. Schutzdioden) entstehen. Diese Verluste betragen bei gut konzipierten Anlagen in der Praxis durchschnittlich etwa 3 bis 6 %.

Wenn wir nun einfachheitshalber bei den Planungsüberlegungen mit „Einspeisungs-Verlusten" von 5 % rechnen, verringert sich die jährliche Summe der Solarleistung aus *Tabelle 8.1* auf ca. **144,7 kWh** (152,3 kWh minus 5 % = 144,7 kWh). Diese **144,7 kWh** könnten somit – allerdings nur hypothetisch – über den Wechselrichter ins öffentliche Netz **pro Jahr pro Quadratmeter Solarmodulen-Fläche** geliefert (eingespeist und „durchverkauft") werden. Vorausgesetzt, das Wetter spielt im Rahmen der „statistisch fundierten" Erwartungen mit und der Standort der Fotovoltaik-Anlage liegt nahe der geografischen Mitte Deutschlands. Andernfalls dürften Korrekturen positiver oder negativer Art in Betracht gezogen werden.

Aus der *Tabelle 8.1* geht jedenfalls hervor, dass der Ertragsschwerpunkt in den Monaten Mai bis August liegt. Dies hängt auch damit zusammen, dass diese Tage „lang" sind – wie *Tabelle 8.2* zeigt.

Die Tatsache, dass die Sonne täglich aufgeht – und irgendwann auch täglich untergeht – ist zwar an sich beruhigend, sagt aber nichts darüber aus, an welchen Tagen der Himmel bewölkt oder „sonnenklar" ist. Es gibt auch niemanden, der Ihnen sagen könnte, wie es mit dem Spenden der Sonne in den nächsten Tagen, Wochen oder Jahren aussehen wird. Einige Meteorologen sind der Ansicht, dass sich während der nächsten Jahre die warme Jahreszeit etwas ausdehnt, wodurch der Sommer länger andauern wird. Dadurch könnte sich auch der Ertrag einer Fotovoltaik-Anlage erhöhen.

Das sind aber alles nur Spekulationen. Sie können sich jedoch auch ganz individuell Ihre eigene Prognose der Ausbeute einer vorgesehenen Fotovoltaik-Anlage erstellen. Nähere Angaben über die Anzahl der Sonnentage bzw. Sonnenstunden, die es in den vergangenen Jahren in Ihrem Wohngebiet (bzw. in Ihrer Gegend) gegeben hat, erhalten Sie beim zuständigen Wetteramt.

In Hinsicht auf die Angaben in der *Tabelle 8.2* darf jedoch nicht automatisch angenommen wer-

Tag:	Sonnenaufgang – Sonnenuntergang:	Sonnenlichtdauer:
15. Januar	8,21 – 16,42 Uhr	8 Std. 21 Min.
14. Februar	7,38 – 17,35 Uhr	9 Std. 57 Min.
15. März	6,35 – 18,28 Uhr	11 Std. 53 Min.
15. April	5,28 – 19,18 Uhr	13 Std. 50 Min.
15. M ai	4,32 – 20,06 Uhr	15 Std. 34 Min.
15. Juni	4,05 – 20,40 Uhr	16 Std. 35 Min.
15. Juli	4,23 – 20,32 Uhr	16 Std. 9 Min.
15. August	5,07 – 19,45 Uhr	14 Std. 38 Min.
15. September	6,56 – 18,38 Uhr	11 Std. 42 Min.
15. Oktober	6,45 – 17,30 Uhr	10 Std. 45 Min.
15. November	7,40 – 16,33 Uhr	8 Std. 53 Min.
15. Dezember	8,20 – 16,14 Uhr	7 Std. 54 Min.

Tabelle 8.2 – Sonnenaufgang/Sonnenuntergang in der geografischen Mitte Deutschlands (Jahr 2003)

installierten Solarmodulen (die über keine verstellbare Ausrichtung zur Sonne verfügen) wird die erzeugte Solarleistung einige Stunden vor dem Sonnenuntergang wieder gleitend sinken.

Die Bahn der Sonne verläuft bekannterweise im Sommer einfach formuliert „hoch über unseren Köpfen", im Winter umschreibt sie dagegen nur einen flachen und kurzen Bogen in südlicher Richtung. Dadurch ist auch die Strahlungsdichte der Photonen, mit den, dass die Solarzellen an einem sonnigen Tag sofort nach Sonnenaufgang ihre volle Leistung aufbringen. Eine Zeitlang (etwa die erste Stunde) nach dem Sonnenaufgang werden alle „normalen" Solar-Dachmodule nur von sehr schrägen Sonnenstrahlen bestrahlt, wodurch der Einfluss der *direkten* Sonnenbestrahlung fast bei Null liegt.

Durch das diffuse Licht (das in dem Fall ziemlich schnell an Kraft gewinnt) beginnen Solar-Dachmodule dennoch ziemlich schnell, eine „verwertbare Spannung" zu liefern. Erst nur „alibiweise", aber einige Stunden nach Sonnenaufgang zunehmend kräftiger. Bei fest

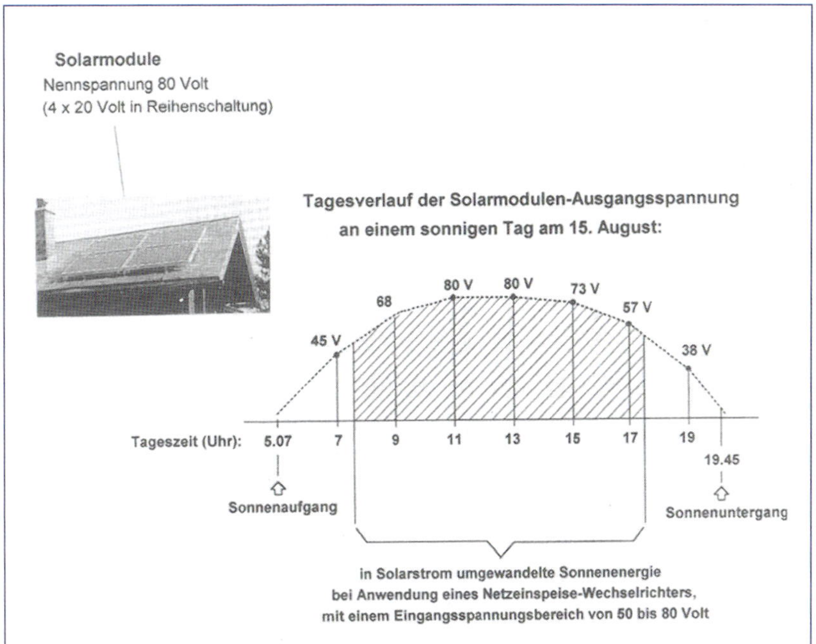

Abb. 8.4 – Die energetische Ausbeute einer Solaranlage hängt auch davon ab, wie gut die Solarmodulen-Nennspannung auf den Eingangsspannungsbereich des angewendeten Wechselrichters abgestimmt ist

denen die Sonne die Solarzellen „beschießt", während der kälteren Jahreshälfte deutlich geringer als während der wärmeren Jahreshälfte. Es dauert dann im Winter wesentlich länger als im Sommer, bevor nach dem Sonnenaufgang die Solarzellen eine brauchbare elektrische Energie liefern können.

Logischerweise sinkt im Winter auch am Nachmittag die Solarspannung und Solarleistung bereits etliche Stunden vor Sonnenuntergang auf einen „nicht mehr verwertbaren" Wert herab. Da sich z. B. im Spätherbst und im Winter wetterbedingt auch das diffuse Licht nicht so kräftig durchsetzen kann wie im Sommer, trägt es entsprechend weniger zu der gesamten Energieausbeute der Solarmodule bei.

Weil wir es bei diesem Anliegen mit vielen unkalkulierbaren Einflüssen und Launen der Natur zu tun haben, spielt ein sensibles Gefühl für die Natur bei allen Planungsüberlegungen eine sehr wichtige Rolle.

Wenn Sie sich vorerst nur sozusagen auf die Schnelle über die ganze Problematik informieren möchten, dürfte die Frage „was kostet mich so etwas und was bringt es mir?" am besten folgendes einfaches Planungsbeispiel beantworten:

Klipp und klar

Der Teil der hier aufgeführten Daten und Hinweise zu den Berechnungen des Jahresertrages einer Fotovoltaik-Anlage, die auf der statistisch erfassten jährlichen Sonnenscheindauer beruhen, hat selbstverständlich nur einen wahrsagerischen Charakter. So lange unsere Meteorologen nicht einmal des Wetter zwei Tage vorher solide vorhersagen können, ergibt es wenig Sinn, wenn sie zu schätzen versuchen, wie viele sonnige Tage es in den nächsten zwanzig Jahren geben wird oder geben könnte. Das gilt auch für alle Tabellen mit den statistisch erfassten Sonnenscheinspenden, die Sie auch von den Banken und Umweltministerien kostenlos erhalten. Sie dürfen sich vorerst eigentlich nur darauf verlassen, dass sowohl die Fördermittel als auch die Einspeise-Vergütungen von der Regierung so ausgetüftelt wurden, das sich die Errichter von Fotovoltaik-Anlagen nicht eine goldene Nase verdienen können.

Wer das Glück hat, dass seine Anlage während ihres „Daseins" nur wenig Wartung und wenige Ersatzteile benötigt, der wird vielleicht nach 18 oder 20 Jahren möglicherweise gerade noch genügend Geld übrig behalten, dass er für die ziemlich aufwendige Demontage und Entsorgung der Anlage, sowie auch für eine ordentliche Wiederherstellung des Hausdachs aufbringen muss. Vielleicht bleibt ihm auch noch etwas Geld für eine eventuelle Wiederherstellung seines von einem Baukran zerfahrenem Gartens übrig. Das dürfte in den meisten Fällen ungefähr auch schon alles sein, was von der finanziellen Ausbeute bei einer kleineren Dachanlage in Wirklichkeit zu erwarten ist.

Es geht allerdings bei solchen Vorhaben nicht immer nur um das Geld. Wenn Sie aber nicht Geld zu verschenken haben, ist es dennoch wichtig, dass Sie bei der Planung einer Fotovoltaik-Anlage einen gehobenen Wert auf die Wahl der optimalen Solarmodule und Wechselrichter legen und nach Möglichkeit dies **unbedingt** vor der Installation **testen und vorselektieren**. Ein anderer wird das für Sie kaum tun, denn für solche „Spässchen" sind die meisten Installateure weder eingerichtet noch ausgebildet und montieren die Anlage einfach nur ähnlich zusammen, wie z. B. Deckenleuchten in einem Büro. Wenn sich dann bei der Inbetriebnahme die Fotovoltaik-Anlage nicht ausgesprochen tot stellt, reicht es den meisten Handwerkern aus, um das ganze „Kunstwerk" dem Kunden als vollendet zu übergeben.

9 Erhöhung des Ertrags bei bestehenden Fotovoltaik-Anlagen

Wenn man von einer Fotovoltaik-Anlage verlangt, dass sie perfekt funktioniert, muss man sie auch perfekt entwerfen und installieren. Das gelingt in der Praxis jedoch nicht immer optimal.

Abgesehen davon, können auch diverse später auftretende Defekte eine ursprünglich intakte Funktion eines der Anlagen-Bausteine beeinträchtigen und den energetischen Ertrag verringern.

Um zu kontrollieren, ob eine bestehende Fotovoltaik-Anlage tatsächlich auch das leistet, was sie – laut technischer Daten – leisten sollte, braucht man nicht unbedingt gleich aufs Dach zu steigen. Oft genügt eine einfache Messung der Solarspannung am Wechselrichter-Eingang nach *Abb. 9.1,* um sich zu vergewissern, dass die Solarmodule bei kräftigerem Sonnenschein auch tatsächlich Solarspannung in vorgesehener Höhe liefern.

Anhand der offiziellen Modulen-Nennspannung (laut technischer Daten der angewendeten Module) kann die Ausgangsspannung leicht ausgerechnet werden: Besteht beispielsweise so eine Modulen-Kette aus acht 17-Volt-Modulen, sollte die Ausgangsspannung annähernd 136 Volt (8 x 17 V) betragen.

Ein Spielraum von ca. 10 bis 20 % darf dabei toleriert werden. Aber nicht vergessen: Die meisten handelsübli-

9 Erhöhung des Ertrags bei bestehenden Fotovoltaik-Anlagen

chen Multimeter zeigen oft die Messwerte nur mit einer Genauigkeit von 3 bis 5 % an. In dem Fall sollte bei Zweifel so ein Multimeter in dem vorgesehenen Spannungsbereich mit einem geeichten Labor-Multimeter verglichen werden.

Wenn dann trotzdem die Solarspannung zu auffallend niedrig ist, könnte es darauf hinweisen, dass z. B. eine der Modulen-Sektionen defekt ist bzw. von einer Bypass-Diode kurzgeschlossen wurde u.ä. In dem Fall müsste an den Anschlussklemmen der einzelnen Module die Spannung nachgemessen werden, um den Defekt zu entdecken. Eine solche Messung ergibt jedoch nur dann einen Sinn, wenn sie an belasteten Modulen (bei sonnigem Wetter) vorgenommen wird.

Es versteht sich von selbst, dass in diesem Zusammenhang auch überprüft werden sollte, ob bereits bei der Planung die Modulen-Ausgangsspannung optimal auf den Arbeitsbereich (Eingangsspannungs-Bereich) des Wechselrichters abgestimmt wurde (siehe hierzu Kapitel 6).

Sollte sich bei einem solchen Test herausstellen, dass eines der Module defekt ist, muss dieses durch ein neues Solarmodul ersetzt werden. Wir haben bereits an anderer Stelle darauf hingewiesen, dass bei einer neu errichteten Anlage alle Module exakt gleiche technische Parameter haben sollen, da ansonsten die Leistung eventuell „kräftigerer" Module verschenkt wäre. Bei einer Reparatur darf man sich jedoch einen solchen „Luxus" leisten, wenn es keine andere Lösung gibt.

Das neue Modul darf lieber für einen etwas höheren *Nennstrom* ausgelegt sein als die bereits bestehenden Module. Wenn der Modulen-*Nennstrom* niedriger wäre, würde ein solches „neues Kettenglied" womöglich den gesamten Ausgangs-Solarstrom der Kette abwürgen. Der *Nennstrom* des neuen Moduls *darf* zwar beliebig höher sein als der Nennstrom der restlichen (bestehenden) Module, aber der Überschuss kann nicht „vermarktet" werden.

Ein zusätzliches Solarmodul

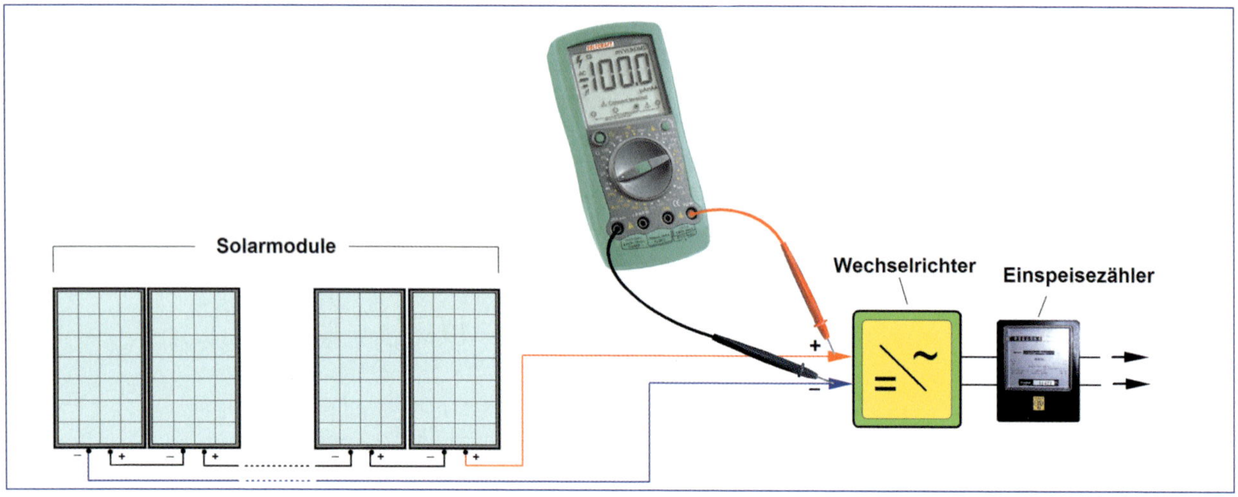

Abb. 9.1 – Die von den Solarmodulen jeweils gelieferte Spannung kann bei netzgekoppelten Fotovoltaik-Anlagen mit einem Multimeter am Eingang des Wechselrichters gemessen werden

kann auch in Reihe zu einer bereits bestehenden Modulen-Kette nach *Abb. 9.2* angeschlossen werden, wenn dadurch die Solarspannung auf einen Pegel erhöht wird, der eine günstigere Nutzung des Wechselrichters ermöglicht. Eine solche Lösung kann bei bestehenden Anlagen sinnvoll sein, bei denen die Modulenspannung bereits von dem Errichter zu niedrig gewählt wurde (als Planungsfehler oder auf Grund mangelnder Erfahrung). Sie kann sich zudem oft als erforderlich erweisen, wenn ein defekter Wechselrichter durch einen neuen Wechselrichter ersetzt werden muss, der für einen höheren Eingangsspannungs-Arbeitsbereich ausgelegt ist. Es spielt dabei keine Rolle, an welcher Stelle das neue Solarmodul (bzw. auch mehrere Module) in die bestehende Modulen-Kette eingegliedert werden. Sie können z. B. nach *Abb. 9.2 a) und b)* einfach dort in die bestehende Kette integriert werden, wo es sich räumlich am einfachsten machen lässt bzw. wo am Dach Platz ist.

Genau genommen können

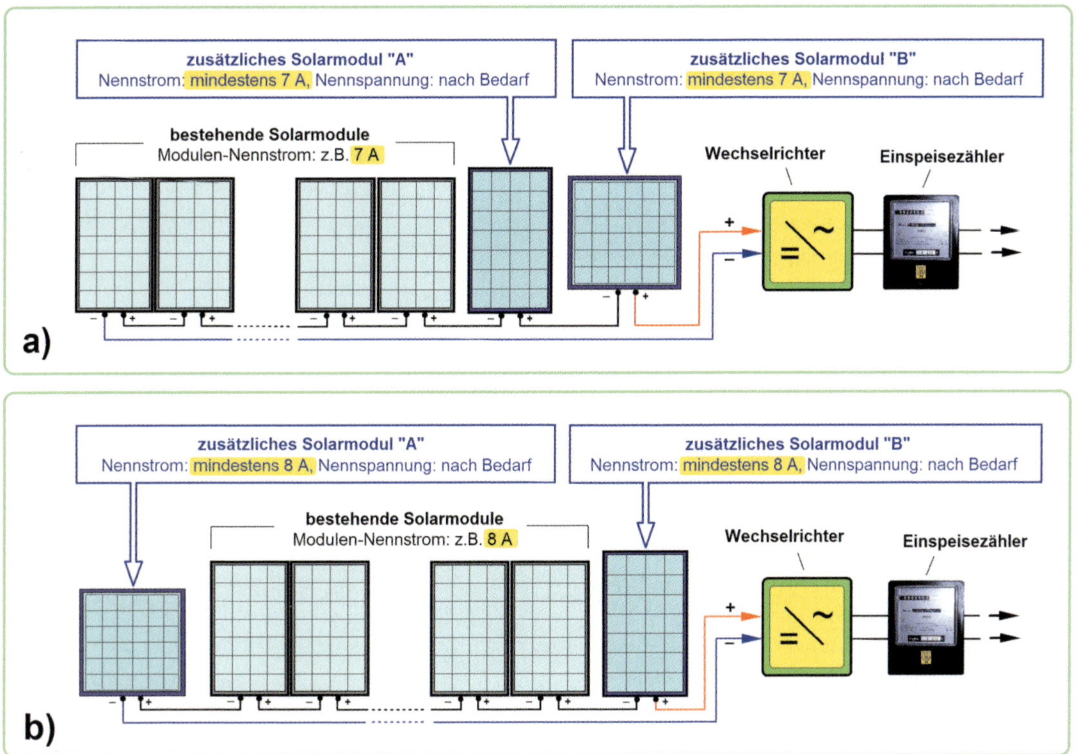

Abb. 9.2 – Wird in eine bestehende Modulenkette ein weiteres (neues) Solarmodul integriert, darf sein *Nennstrom* beliebig höher liegen als der offizielle Nennstrom, der aus den technischen Daten der bestehenden Module hervorgeht; die maximal zulässige *Nennspannung* des neuen Moduls – oder auch mehrerer zusätzlicher Module – richtet sich nur nach der erlaubten Höchstgrenze der Eingangsspannung des Wechselrichters

9 Erhöhung des Ertrags bei bestehenden Fotovoltaik-Anlagen

auch mehrere, parallel verschaltete Modulen-Ketten um beliebig viele weitere Solarmodule nach *Abb. 9.3* „verlängert“ werden.

Zu achten ist nur darauf, dass der *Nennstrom* der zusätzlichen Module nicht niedriger sein darf als der Nennstrom bestehender Module. Die *Nennspannung* der zusätzlichen Module darf im Prinzip beliebig hoch (oder niedrig) sein und wird einfach so gewählt, dass die „neue“ Ausgangsspannung der Modulen-Kette auf den Arbeitsbereich des Wechselrichters optimal abgestimmt ist (siehe hierzu Kapitel 6).

Bei der Anlage nach *Abb. 9.3,* die aus zwei parallel verschalteten Modulen-Ketten besteht, ist bei der Eingliederung der zusätzlichen Module darauf zu achten, dass für beide Ketten die zusätzlichen Module jeweils identische Parameter aufweisen.

Alles klar? Wir haben in diesem Buch die einzelnen Themen sehr sorgfältig beschriebenen und auch den kritischen Schwachstellen viel Aufmerksamkeit gewidmet. Ein „normaler Mensch“ kann erfahrungsgemäß alle diese Informationen nicht auf Anhieb verdauen und in seine Planungsüberlegungen optimal einbeziehen. Schon deshalb nicht, weil üblicherweise beim Lesen über so ein Thema vieles vorerst nur schnell überflogen wird, um sich überhaupt ein Bild von der Sache machen zu können. Daher

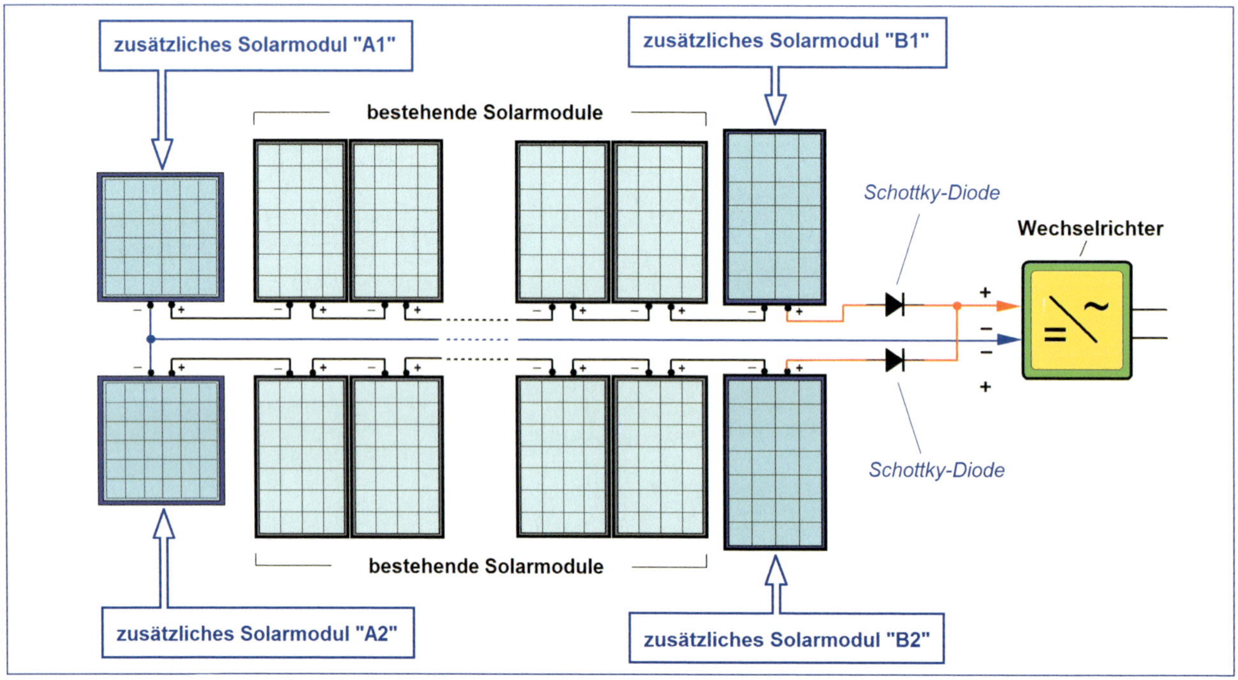

Abb. 9.3 – Wird ein defekter Wechselrichter durch einen neuen Wechselrichter ersetzt, der für einen höheren Arbeitsspannungs-Bereich ausgelegt ist, müssen zusätzliche Solarmodule an die (oder in die) bestehende Modulenkette angeschlossen (eingegliedert) werden, um die Solar-Ausgangsspannung auf den erforderlichen Wert zu erhöhen

lohnt es sich, dass man anschließend alles nochmals in Ruhe langsam durchliest und Themen vorselektiert, die mit dem eigenen Vorhaben zusammenhängen.

Sollten Sie noch an weiteren leicht verständlichen Büchern über die Solartechnik, Windenergie oder auch über Elektronik interessiert sein, die ebenfalls von Bo Hanus (Franzis-Verlag) verfasst wurden, sehen Sie sich bitte die nun folgende Übersicht an:

- Wie nutze ich Solarenergie in Haus und Garten? (5. Auflage, 97 S.)
- Solaranlagen richtig planen, installieren und nutzen (2. Auflage, 300 S.)
- Solarstromnutzung beim Campen, im Caravan, Wohnmobil und Boot (2. Auflage 97 S.)
- Spaß & Spiel mit der Solartechnik (112 S.)
- Wie nutze ich Windenergie in Haus und Garten? (3. Auflage, 97 S.)
- Das große Anwenderbuch der Windgeneratoren-Technik (319 S.)
- Spaß & Spiel mit der Elektronik (120 S.)
- So steigen Sie erfolgreich in die Elektronik ein (4. Auflage, 97 S.)
- Der leichte Einstieg in die Elektronik (4. Auflage, 363 S.)
- Das große Anwenderbuch der Elektronik (2. Auflage, 351 S.)
- Drahtlos schalten, steuern und übertragen in Haus und Garten (234 S.)
- Schalten, Steuern und Überwachen mit dem Handy (97 S.)
- Drahtlos überwachen mit Mini-Videokameras (2. Auflage 224 S.)
- Selbstbau-Roboter für Alarm- & Sicherheitsaufgaben (172 S.)
- Kampfspiel-Roboter im Selbstbau – Robot WARS (97 S.)
- Elektroinstallationen in Haus und Garten – echt leicht! (97 S.)
- Öl- und Gasheizung selbst warten und reparieren *(neu, 128 S.)*
- Sanitäranlagen selbst reparieren *(neu, 128 S.)*
- Elektrische Haushaltsgeräte selbst reparieren *(neu, 128 S.)*
- Digitale Sat-Anlagen selbst umrüsten/installieren *(neu, 128 S.)*
- Haushaltselektrik selbst installieren und reparieren *(neu, 128 S.)*
- Haushaltselektronik selbst reparieren *(neu, 128 S.)*
- Hausversorgung mit elternativen Energien *(neu, 128 S.)*
- Der leichte Einstieg in die Elektrotechnik *(219 S.)*
- Der leichte Einstieg in die Mechatronik *(268 S.)*

Lieferanten von Solarmodulen, Wechselrichtern und Zubehör:

Alfasolar GmbH
Calenberger Str. 28, 30169 Hannover
Tel.: 0511/1317190, Fax: 1317192

Biohaus PV Handels GmbH
Otto Stadler Str. 23, 33100 Paderborn
Tel.: 05251/50050-0, Fax 05251/50050-10
www.biohaus.de

Conrad Electronic
Klaus-Conrad-Straße, 92240 Hirschau
Tel.: 0180 / 5 31 21 11, Fax: 5 31 21 10
http://www.conrad.de

ELV
Tel.: 0491/600888, Fax: 0491/7016
www.elv.de

Fronius International GmbH
A-4600 Wels-Thalheim, Österreich
http://www.fronius.com

Sunny Boy Wechselrichter:
www.SMA.de / www.SMA-AMERICA.com

Solar-Fabrik AG
Munzinger Str. 10, 79111 Freiburg
Tel.: 0761/4000-0, Fax: 4000-199

Schletter GmbH
Heimgartenstraße 41, 83527 Haag i. OB
Tel.: 08072/9191-0, Fax: 08072/9191-61
www.schletter.de

Schüco International KG
Karolinenestraße 1-15, 33609 Bielefeld
Tel.: 0521-783-0, Fax: 0521-783-451
www.schueco.de

Sunset Energietechnik GmbH
Industriestraße 8 – 22,)1325 Adelsdorf
Tel.: 09195/9494-0, Fax: 9494/290

Westfalia GmbH
Werkzeugstraße 1, 58082 Hagen
Tel.: 0180/5303132, Fax: 0180/5303130
www.westfalia.de

Stichwortverzeichnis